BRUCHHAFTE VERFORMUNG

Erscheinungsbild und Deutung mit Übungsaufgaben

von

H.-F. KRAUSSE, A. PILGER, V. REIMER und M. SCHÖNFELD

unter Mitarbeit von R. DOMALSKI

86 Seiten, 39 Abbildungen,
5 Fototafeln und 24 Übungsaufgaben

Verlag
SVEN VON LOGA
Köln

5.Auflage 1990

CLAUSTHALER

TEKTONISCHE

HEFTE

Die Schriftenreihe wurde 1965
von Ellen Pilger in Clausthal-Zellerfeld begründet.
Die **Clausthaler Tektonischen Hefte** erschienen bis
1990 im Verlag Ellen Pilger, Clausthal-Zellerfeld.

Herausgeber

Prof.Dr.Andreas Pilger
Geologisches Institut der TU
Leibnizstraße 10
D-3392 Clausthal-Zellerfeld

Verlag

VERLAG SVEN VON LOGA
Fachverlag für Geowissenschaften
Postfach 940104
Königsforststraße 29
D-5000 Köln 91
Tel.: 0221/843623
Fax : 0221/844647

Bestellungen

Bestellungen über alle Publikationen des Verlages
richten Sie bitte direkt an den Verlag.

ISBN 978-3-540-62824-8 ISBN 978-3-642-48797-2 (eBook)
DOI 10.1007/978-3-642-48797-2

5.Auflage 1990. Unveränderter Nachdruck der
4.Auflage von 1985.

Inhaltsverzeichnis Seite

Seite

1. Allgemeine Voraussetzungen

1.1 Deformation des Gesteins

Alle verfestigten und viele unverfestigte Gesteine in höheren Erdkrustenstockwerken sind in mehr oder weniger starkem Maße von Rissen und Klüften, oft auch von Störungen und Verbiegungen durchsetzt, wie in jedem Steinbruch oder im Bergwerk zu beobachten ist. Risse im Gestein können z.T. atektonischer Art und z.B. bei der Diagenese oder bei Schrumpfungsvorgängen entstanden sein. Zum größten Teil gehen sie auf eine tektonische Beanspruchung zurück. Dabei wird der Gesteinskörper deformiert bzw. verformt oder disloziert.

Die Deformation geologischer Körper kann in verschiedenen Dimensionen vor sich gehen. Sie ist mikroskopisch im Korngefüge, kleintektonisch im Handstück oder im Steinbruch, großtektonisch in Faltenstrukturen, einem Grabensystem oder in anderen tektonischen Einheiten zu erkennen.

Dabei sind die Formungsbilder der Deformation im Gestein ebenso zahlreich wie verschiedenartig. Man spricht von dem tektonischen Inventar eines Gesteinskörpers (SANDER 1948). Dieses muß registriert, analysiert und zu dem Ablauf des tektonischen Geschehens in Beziehung gesetzt werden. Nicht ohne weiteres läßt sich aus den zahlreichen Klüften und Störungen, etwa eines Steinbruches, auf genetische Zusammenhänge bei der Deformation schließen. Denn tektonische Formungsbilder sind häufig mehrdeutig, und oft ist ein geologischer Körper im Laufe der Erdgeschichte mehrfach und verschiedenartig verformt worden, sodaß sich die jeweils entstandenen tektonischen Formungsbilder überlagern. Daher ist eine sorgfältige Erfassung und eine eingehende Analyse der Strukturelemente, bei den größeren Strukturen auch eine genaue geologische Kartierung und tektonische Bestandsaufnahme für die Deutung des Deformationsbildes notwendig.

Die bruchhafte Deformation eines Gesteinskörpers kann niemals in dem Sinne rückläufig sein, daß die ursprüngliche undeformierte Gesteinsstruktur auf irgendeine Weise wieder hergestellt wird. Vielmehr ist sie irreversibel und schafft für den betroffenen Gesteinskörper einen neuen tektonischen Formungszustand, der sich bei weiterer Beanspruchung erneut verändern kann und damit tektonisch immer komplexer wird. Klüfte z.B. können zwar mit Quarz verheilt sein, aber nicht wieder einem ungestörten Zustand des Gesteins Platz machen. Angenähert könnte die ursprüngliche Lage einer tektonischen Einheit bei vertikalen, epirogenen Bewegungen wieder erlangt werden, wenn eine Hebung durch eine folgende, genau gegensinnige Senkung ausgeglichen wird.

1.2 Kurzer Hinweis auf die Anwendung einiger physikalischer Begriffe in der Tektonik

Bei der tektonischen Beanspruchung (extern stress) wird ein geologischer Körper deformiert, d.h. verformt. Dabei greifen von außen her Kräfte unterschiedlicher Größe und Richtung am geologischen Körper an und verändern ihn in Gestalt und/oder Volumen (METZ 1967). Durch die von außen wirkenden Kräfte wird ein Spannungszustand (intern stress) aufgebaut, der in dem beanspruchten Körper Gegenkräfte erzeugt, die den von außen angreifenden Kräften entgegenwirken. Wird aus beobachtbaren Formungsbildern oder aus tektonischen Bewegungsspuren oder durch zeitlich erkennbare Formungsabfolgen der Ablauf der tektonischen Deformation beschrieben oder rekonstruiert, so spricht man von Kinematik. Die Geomechanik wieder schließt aus Materialeigenschaften des Gesteins (oder aus dessen Materialverhalten unter Spannung) auf die Vorgänge bei der tektonischen Verformung. Die Dynamik ist die Lehre von den erzeugenden Kräften. Im tektonischen Bereich befaßt sie sich mit den Kräften, die Einengung, Ausweitung oder Scherung (s. unten) bewirken.

1.3 Die Struktur

Als Struktur (engl. structure) oder tektonische Struktur (im Gegensatz zur Sedimentstruktur usw.) wird jede Lagerungsform der Gesteine bezeichnet, die durch tektonische Vorgänge bzw. durch eine Deformation entstanden ist (METZ 1967). Der Ausdruck Strukturgeologie (im Kleinbereich engl. structural geology, im Großbereich engl. tectonics) erscheint in der Literatur stellvertretend für Tektonik (engl. tectonics) oder bezieht sich auf eine allgemeine Strukturlehre hinsichtlich des Bildungsmechanismus der tektonischen Strukturen (s. ASHGIREI 1963, BILLINGS 1956, METZ 1967, SCHMIDT-THOMÉ 1972 u.a.).

Eine Struktur kann jede Dimension umfassen, die Umfang und Ausdehnung der Erdkruste entspricht. Zu den größten und weitläufigsten Strukturen der ozeanischen Erdkruste gehören die alle Ozeane durchziehenden Mittelozeanischen Rücken und in der kontinentalen Kruste die Züge der jungen Faltenorogene in Amerika und Eurasia.

Dem Begriff Struktur ist der Begriff Textur gegenüberzustellen. Unter ihm faßt man in Teilbereichen der Strukturen die räumliche Anordnung, Verteilung und Orientierung von planaren und linearen Elementen und Mineralgemengteilen zusammen. Unter tektonischer Betrachtung können z.B. Kluftscharen geregelt sein, oder beim Orthogneis sind die Mineralien parallel texturiert.

Vielfach deckt sich das Wort Struktur mit dem Wort Gefüge (METZ 1967). Doch wird gewöhnlich mit dem Gefüge die Gesamtheit der tektonischen Daten eines Gesteinskörpers erfaßt, die als Klüfte, Störungen, Schieferung, Fältelung, Lineare u.a. in Erscheinung treten. Dabei ist es die Aufgabe der Gefügekunde (engl. petrofabrics, structural petrology), aus den Formungsbildern und deren Symmetrieverhältnissen (oft mit Hilfe statistischer Methoden) auf die Symmetrie und die Richtung der die Formungsbilder erzeugenden Bewegungen zu schließen (s. Clausthaler Tektonische Hefte 4 und 5). Ein Gefüge ist homogen in Bezug auf ein oder mehrere vorhandene Gefügeelemente oder bildet einen Homogenbereich, wenn Teilbereiche daraus beliebig miteinander vertauscht werden können, ohne daß das Gesamtgefüge verändert wird (SANDER 1948).

1.4 Bruchlose und bruchhafte Verformung

Wenn eine Kraft von außen auf einen geologischen Körper einwirkt, so wird dieser zunächst elastisch verformt, d.h. er kann nach seiner Verformung seine ursprüngliche Gestalt fast vollständig wieder annehmen. Wenn die Elastizitätsgrenze des Gesteinskörpers jedoch überschritten wird, erfolgt eine bleibende tektonische Verformung, d.h. eine Veränderung des Gesteinskörpers in Volumen und Gestalt, die irreversibel ist (S. 2).

Die Verformung des Gesteinskörpers erfolgt entweder bruchlos oder bruchhaft (Abb. 1). Im ersten Falle entstehen Krümmungsformen, z.B. Falten, bei denen der Gesteinsverband weitgehend erhalten bleibt, die ursprüngliche Lage jedoch verändert wird (SCHMIDT-THOMÉ 1972). Im zweiten Falle reißen tektonische Trennflächen ein, die als bruchhafte Störungen in Erscheinung treten. Grundsätzlich gehen beide Arten der Verformung auf gleiche tektonische Kräfte zurück. So kann

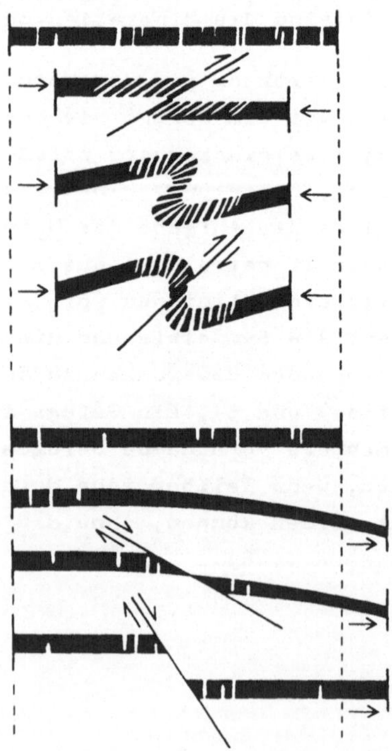

Abb. 1

Bruchhafte und bruchlose Verformung eines Gesteinskörpers, der primär söhlig liegt. oben: Einengungsformen, unten: Ausweitungsformen. Bilder von oben nach unten: Aufschiebung, Falte, Faltenaufschiebung, Flexur mit Verdünnung der Schicht, Flexur mit flacher Abschiebung und Verdünnung der Schicht, Abschiebung.

z.B. bei der Einengung eines Gesteinskörpers sowohl eine Überschiebung als auch eine Falte, häufig können aber auch beide gemeinsam auftreten.

Die Art und Intensität der Verformung ist gewöhnlich materialbedingt. Werden geologische Körper aus unterschiedlichen Materialien gleichartig beansprucht, lassen materialbedingte Unterschiede die Verformung erkennen. So reagieren massige Gesteine, z.B. dickbankige Kalke oder Quarzite, bei tektonischer Beanspruchung spröde durch Bruchbildung. Feinkörnige oder dünngeschichtete Sedimente, wie Tongesteine,oder hoch teilbewegliche Gesteine, wie Salze, zeigen bei gleichartiger Beanspruchung plastische Verbiegung und Faltung. Auch ist die Art der Verformung stockwerksabhängig. In höheren tektonischen Stockwerken der kontinentalen Erdkruste, wie im mitteleuropäischen Saxonikum, überwiegen im allgemeinen bruchhafte Strukturen. In tieferen Stockwerken, wie in den unteren Einheiten von Faltengebirgen, z.B. der Alpen, nimmt die bruchhafte Verformung infolge zunehmender Temperatur und höheren Druckes ab. Dafür nimmt die bruchlose Verformung zu. In noch tieferen Stockwerken der kontinentalen Kruste überlagert sich die Bildung fließender Falten mit magmatischen Vorgängen.

1.5 Einengung und Ausweitung

Lateral in der Erdkruste wirkende tektonische Kräfte können einengend oder ausweitend sein. Bei der Einengung erfolgt eine laterale Verkürzung des beanspruchten Krustenteiles. Dabei kann es zu Verdoppelungen der Schichtfolge kommen (Abb.1, 23 I). Bruchlose Formen der Einengung sind Falten, bruchhafte Formen sind Auf- und Überschiebungen (s. Kap. 3.2.2.2.).

Bei der Ausweitung erfolgt eine laterale Längung eines Gebirgskörpers. Daraus kann bruchlos eine Flexur oder bruchhaft eine Abschiebung entstehen (Abb. 1, 18,19,23 II)(s. Kap. 3.2.2.3).

2. Kraft, Beanspruchung, Spannung und Symmetrie bei bruchhafter Deformation

Bewegungen, die zur Deformation eines Gebirgskörperelements führen, werden durch von außen auf das Körperelement einwirkende Kräfte verursacht. Das Körperelement wird beansprucht. Beanspruchungen durch Außenkräfte (engl. extern stress) bewirken innerhalb des Körpers Gegenkräfte und erzeugen Gegenspannungen (engl. intern stress) und Verformungen (engl. strain). Für ein Körperelement, welches homogen und im Gleichgewicht, d.h. ohne innere Bewegungen ist, kann man seinen Spannungszustand (engl. state of stress) modellhaft darstellen: Die von außen einwirkenden Kräfte kann man sich als einen Kraftvektor in irgendeiner Orientierung und Größe vorstellen. Diese resultierende Kraft wirkt auf eine beliebig durch das Körperelement gelegte Fläche im allgemeinen schräg ein. Sie läßt sich in Bezug auf eine solche Fläche wiederum in zwei Komponenten zerlegen: In eine Kraftkomponente, die senkrecht (=normal) zur gewählten Fläche wirkt, die Normalkraft, und eine Kraftkomponente, die parallel (=tangential) zur Fläche wirkt, die Tangential- oder Scherkraft. Die entsprechend im Körper bewirkten Spannungen werden als Normalspannung Sigma σ (engl. normal stress) und Tangential- oder Scherspannung Tau τ (engl. shear stress) bezeichnet.

Bei einem homogenen, im Gleichgewichtszustand befindlichen Körper gibt es unter den unendlich vielen denkbaren Flächen drei senkrecht zueinander stehende, auf die eine Außenkraft senkrecht wirkt. Solche Flächen heißen Hauptebenen. Die Flächennormalen, die sich in einem Punkt im Körperelement schneiden, heißen Hauptnormalspannungsachsen (oder weniger exakt auch Hauptbeanspruchungen). Die Hauptnormalkräfte werden mit N_1, N_2, N_3 symbolisiert. Sie bewirken im Körper die Hauptnormalspannungen σ_1, σ_2, σ_3. In den Hauptebenen werden keine Tangential- oder Scherspannungen erzeugt: $\tau = 0$.[1]

---

[1] Weitere Einzelheiten s. KARL 1964, CTH 5, S. 109 ff.

In der Geologie werden im allgemeinen und vereinfacht $\sigma_1 > \sigma_2 \geq \sigma_3$ angenommen. Wird nun durch äußere Beanspruchung der innere Spannungszustand gestört und die Elastizitätsgrenze und Dehnungsfestigkeit des Gesteins überschritten, so platzen parallel zu den Hauptebenen Dehnungs- und Reißfugen auf, die jeweils senkrecht zur kleineren Hauptnormalspannungsrichtung, d.h. aber parallel zur größten Hauptnormalspannung orientiert sind. Hierzu gehören die ac-Flächen, wie noch gezeigt wird.

In den Hauptebenen sind, wie gesagt, Tangential- und Scherspannungen null ($\tau = 0$). In allen anderen durch ein beanspruchtes Körperelement gedachten Ebenen tritt dagegen neben der Normalspannung auch eine Scherspannung auf. Im homogenen, isotropen Körperelement erreicht die Scherspannung ihren Maximalwert in Flächen, die genau in der Winkelhalbierenden zwischen den Hauptebenen liegen (theoretisch 45°), wobei die Normalspannung gegen null geht ($\sigma \longrightarrow 0$). Zu jeweils einer Hauptebene gibt es daher zwei Ebenen mit maximaler Scherspannung. Mithin treten Scherspannungen auch paarig zu jeweils einer Hauptbeanspruchung auf, und bei Überschreiten der Dehnungsfestigkeit (engl. tensile strength) des Gesteins können senkrecht zur Richtung der größten Scherspannung paarige Dehnungsfugen aufplatzen, die vielfach Scherfugen genannt werden. Zu ihnen gehören vor allem die hk0-Fugen.

Wichtiger als der Dehnungseffekt sind bei der bruchhaften Verformung durch Scherkräfte die Verschiebungen, d.h. Scherflächen, die das Körperelement zerscheren und die an die Scherfläche angrenzenden Teile aneinander vorbeibewegen, d.h. gegeneinander verwerfen. Scherflächen sind Störungen, die beim Überschreiten der Scherfestigkeit (engl. shear strength) des Gesteins entstehen. Scherfugen und Scherflächen sind mithin ihrem Bewegungsmechanismus entsprechend ganz verschiedene Formelemente. Beide werden verursacht durch Scherkräfte, beide treten häufig zweischarig, d.h. paarig auf. Scherfugen platzen jedoch durch Überschreiten der Dehnungsfestigkeit des Gesteins auf. Scherflächen dagegen entstehen beim Überschreiten der Scherfestigkeit, dabei gleiten die durchscherten Schollen aneinander vorbei.

Durch die Verteilung und Orientierung von Kräften und Spannungen, denen ein Körperelement ausgesetzt ist, haben die Kraft- und Spannungsfelder mit SANDER (1948) ganz bestimmte Symmetrieeigenschaften. Damit müssen aber auch die durch die Kräfte und Spannungen ausgelösten Bewegungen und Deformationsvorgänge und die erzeugten Deformationsbilder, das Gesteinsgefüge, ganz bestimmte Symmetrieeigenschaften aufweisen, zu deren Beschreibung der Geowissenschaftler Koordinationssysteme verwendet. Da Kräfte, Spannungen und der Ablauf der Deformationsvorgänge meistens unbekannt, ihre Resultate, nämlich die Deformationsbilder, aber im Gestein abgebildet sind, wird man versuchen, aus den Deformationsbildern und deren Symmetrieverhältnissen auf ihren Werdegang, die Bewegungen und die physikalischen Ursachen, Kräfte und Spannungen zu schließen. Zur Beschreibung von Deformationsbildern des Gesteins ist man also bestrebt, Koordinaten zu verwenden, die genetisch fundiert sind[2].

Ein Koordinatenkreuz a, b, c wird für den jeweils betrachteten Formungsteilbereich so gewählt, daß a in Richtung des tektonischen Transportes, der Hauptbewegungsrichtung (z.B. bei einer Falte in Richtung der stärksten Einengung, bei einem Scherflächenpaar in Richtung der Winkelhalbierenden der beiden Bewegungslineare) zu liegen kommt. Die Koordinate b ist die Formungsachse dazu (B-Achse, Deformationsachse) und steht außer bei trikliner Symmetrie senkrecht auf a. Die Koordinate c steht bei rhombischer Symmetrie, von der im folgenden gesprochen wird, senkrecht auf a und b. Bei allen übrigen Symmetrieverhältnissen liegt sie winklig zu a und b[2].

Die bei der Deformation entstandenen Flächen und Lineare können ebenso, wie die primär, z.B. bei der Sedimentation entstandenen, - entsprechend dem gewählten Koordinatensystem - jeweils nach den Koordinaten oder aber mit den in der Kristallographie verwendeten allgemeinen Indizes (hkl) bezeichnet werden[3].

[2] weitergehende Ausführungen bei KARL 1964, CTH 5, S. 21 ff. u. S. 37 ff.

[3] vergl, CTH 3 und CTH 4

So verlaufen die

ac-Flächen zu den Koordinaten a und c,
bc-Flächen zu den Koordinaten b und c,
ab-Flächen zu den Koordinaten a und b
parallel (Abb. 2).

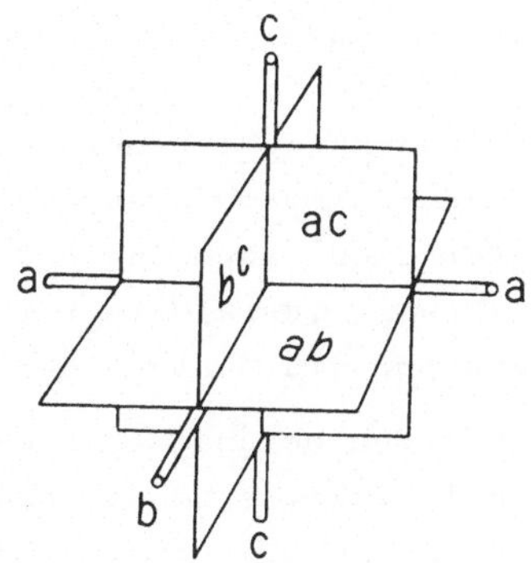

Abb. 2

Flächen allgemeiner Raumlage werden als hkl-Flächen bezeichnet. Flächen, die zu einer Koordinatenachse parallel verlaufen, erhalten für die entsprechende Koordinatenposition im Index eine Null. So verlaufen die

0kl-Flächen zur Koordinate a, hOl-Flächen zur Koordinate b, hk0-Flächen zur Koordinate c parallel (Abb. 3).	Alle diese sind meistens paarig ausgebildet und werden durch Scherkräfte bewirkt.
001-Flächen sind ab-Flächen. 0k0-Flächen sind ac-Flächen. h00-Flächen sind bc-Flächen.	Alle diese sind unpaarig ausgebildet und werden durch Normalkräfte bewirkt.

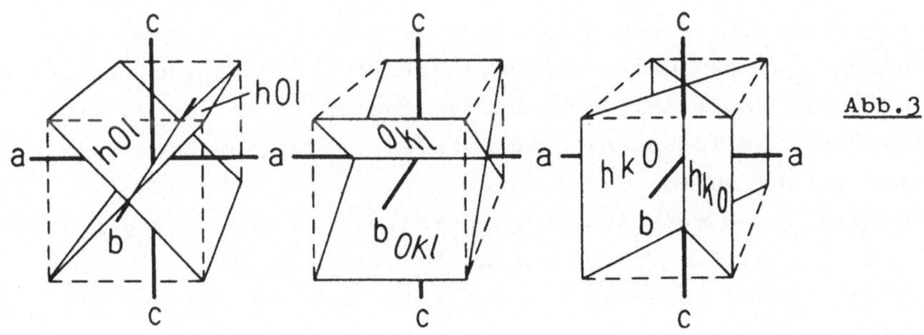

Abb. 3

Wenn die a-Koordinate in Richtung des tektonischen Transportes bzw. der Bewegung gewählt wird (A-Achse), dann ist die ac-Fläche die Formungsebene. Sie steht bei rhombischer Symmetrie senkrecht (querschlägig) zur Formungs-B-Achse. Die ac-Fläche = Formungsebene liegt somit parallel zur Richtung der stärksten Einengung und senkrecht zur Richtung der stärksten Dehnung. Querklüfte = Q-Klüfte sind ac- (Dehnungs-) Flächen, die für die Deutung des Gebirgsbaues wichtig sind.

Von besonderer Bedeutung im Faltengebirge, speziell im Variszikum, sind die die Falten durchschlagenden Scherflächen in 0kl-, h0l- und hk0-Raumlagen. Die 0kl-Flächen bilden vielfach querschlägig zu den Falten streichende Abschiebungen (Querstörungen). In der h0l-Lage finden sich die meisten parallel zu den Falten streichenden Auf- und Überschiebungen (Längsstörungen), sowie die Schieferungsflächen. In hk0-Lage sind die in zwei diagonalen Richtungen zu den Faltenachsen streichenden Seiten- oder Blattverschiebungen zu finden (Diagonalstörungen).

3. Die wichtigsten bruchhaften tektonischen Formen

3.1 Übersicht

Trennflächen oder Schnitte im Gestein werden ganz allgemein als Fugen bezeichnet, an denen die Kontinuität des Gesteinskörpers unterbrochen ist[4]. Sie können atektonischer Entstehung sein und u. a. als Schichtfugen, Schrumpfungsfugen oder "Lösen" in Erscheinung treten. Tektonische Fugen oder Trennfugen werden unter dem Oberbegriff der Rupturen[4] zusammengefaßt, die somit alle bruchhaften tektonischen Formen einschließen. Sie lassen sich nach CLOOS (1936) auf drei Elementarformen zurückführen:

1. Klüfte: ohne merkliche Lageveränderungen an der Bruchfläche bzw. den beiden Bruchflanken. Es wird lediglich ein Spannungszustand im Gestein angezeigt, ohne daß aus den Klüften selbst nähere Aussagen über die tektonische Bewegung möglich sind.

[4] s. Deutsches Handwörterbuch der Tektonik, 2. Lfg., 1969. (MURAWSKI 1968/76).

2. Spalten: mit trennenden Bewegungen der beiden Flanken. Die Flanken weichen auseinander, ohne sich wesentlich gegeneinander zu verschieben. Häufig sind die Spalten mit magmatischen Gängen sowie mit Mineralien, Erzen oder Nachfall ausgefüllt. Zu den Klüften gibt es keine scharfe Abgrenzung.

3. Verschiebungen (Störungen i.e.S.): Die beiden Flanken bewegen sich in verschiedener Richtung gleitend aneinander entlang. Oft sind Aussagen über Art, Richtung und Ausmaß der Bewegung möglich. Verschiebungsspalten vermitteln zwischen Spalten und Verschiebungen.

Im folgenden stellen wir die Klüfte und Spalten den eigentlichen (bruchhaften) Störungen[7] gegenüber.

3.2 Beschreibung der tektonischen Trennflächen

3.2.1 Klüfte und Spalten

3.2.1.1 Klüfte (engl. joints), Klüftung

Als Klüftung bezeichnet man jede Art der Bildung von Fugen, besonders Rupturen im Gestein, soweit sich an ihnen keine meßbare Verschiebung vollzog. Flächen mit sehr geringen Bewegungen sind noch zu den Klüften zu rechnen (CLOOS 1936). "Klüfte sind natürliche bankrechte und bankschräge Trennfugen im Gestein ohne oder ohne merkliche Dislokation an den Trennflächen, im Gegensatz zu den Störungen, die durch eine merkbare Dislokation gekennzeichnet sind"[5]. Klüfte in der Steinkohle werden als Schlechten (engl. cleats) bezeichnet.

Nach CLOOS (1936) sind die Klüfte eine universelle Erscheinung. Auf der Erde entstehen sie, ebenso wie auch andere Rupturen, seit es eine verfestigte Erdkruste gibt, vor allem eine kontinentale Kruste, also seit mehr als 4 Milliarden Jahren.

Die Klüfte stehen überwiegend, aber nicht immer steil bis senkrecht zur Schichtung und weisen oft scharf geschnittene Kluftflächen auf. Seltener kommen sigmoidale (gebogene)

---

[5] Richtlinien für die Aufnahme von Trennfugen im Gebirgsverband. Geologischer Ausschuß beim Steinkohlenbergbauverein, Bochum 1965.

[7] s.S. 17

Flächen vor. Kluftdichte und -häufigkeit sind weitgehend von der Lithologie abhängig. Weitständige Klüftung findet sich in harten Kalksteinen und Sandsteinen, extrem engständige in der Steinkohle, besonders in deren Glanzkohle-Lagen, wo mehrere Schlechten auf einen Zentimeter kommen. Alle verfestigten und viele diagenetisch noch nicht verfestigten Gesteine werden von Klüften durchsetzt.

Gewöhnlich treten Klüfte in größerer Zahl zusammen auf. Verlaufen mehrere von ihnen in annähernd gleicher Richtung, so spricht man von einer Kluftschar[6)] (engl. set of joints). In verschiedenen Richtungen streichende Kluftscharen, die genetisch zusammengehören, bilden ein Kluftsystem (engl. joint system). Häufig besteht ein Kluftsystem aus zwei sich etwa unter 90° schneidenden Scharen. Diese bilden dann ein orthogonales Kluftpaar (engl. conjugate joints), wie es häufig an den fast rechteckig sich absondernden Blöcken in flachliegenden Schichten eines Steinbruches zu erkennen ist. Alle Klüfte eines Aufschlußes oder auch eines größeren Bereiches werden, ohne Berücksichtigung ihrer genetischen Zusammengehörigkeit, als Kluftnetz bezeichnet[6)].

Man unterscheidet Hauptklüfte und Hauptkluftscharen, sowie Nebenklüfte und Nebenkluftscharen, die sich durch Zahl, Dichte und Stärke (Wertigkeit) unterscheiden. In morphologisch bewegtem Gelände folgen Talrichtungen vielfach (aber nicht immer) den Hauptkluftrichtungen oder einer Störung. Grundwasser zirkuliert oft auf Klüften, wodurch wasserundurchlässige Gesteine, wie z.B. Granit oder Tonstein, zu wasserdurchlässigen Gesteinspartien werden können.

Groß- und kleintektonische Strukturen werden von Klüften begleitet, die in wesentlich größerer Zahl als Störungen auftreten. Hier liegt die Bedeutung der Klüftung für die Analyse

---

[6)] Die Bezeichnungen Kluftschar, -system und -netz werden in der Literatur nicht einheitlich benutzt. Umso mehr ist es notwendig, hier klare Abgrenzungen der Begriffe zu schaffen (vergl. Deutsches Handwörterbuch der Tektonik, 2. Lfg. 1969, s. MURAWSKI 1968/76).

zur Genese des Gebirgbaues. Zwar läßt sich aus der Einzelkluft kaum eine genetische Aussage machen. Doch wenn Klüfte in grosser Anzahl und in ihrer Relation zu den übrigen tektonischen Formelementen statistisch ausgewertet werden, zeigen sich ihre Zusammenhänge oft mit Störungen oder Falten. Nicht selten ist dann eine genetische Deutung des Gebirgsbaues möglich, auch wo die Aufschlußverhältnisse größere Zusammenhänge nicht erkennen lassen. Die statistische Auswertung aufgenommener Daten erfolgt in Kluft- und Schlechtenrosen (Abb. 4, s. CTH 2) oder über das Schmidt'sche Netz (s. CTH 4).

In söhlig liegenden Schichten gehen vorhandene Klüfte auf Spannungen innerhalb des Gesteinskörpers oder auf vorgezeichnete Anlagen im Untergrund zurück. In geneigten, gefalteten oder von bruchhaften Störungen durchsetzten Gesteinskörpern hängen die Klüfte mit den formenden tektonischen Kräften zusammen. Genetisch unterschieden werden Zugklüfte (CLOOS 1936) bzw. Reißklüfte (SANDER 1948) und Scherklüfte. Die erstgenannten streichen normal (senkrecht) oder parallel zu den formenden Kräften. Zu ihnen gehören die Q-Klüfte, die querschlägig zur Formungsachse, z.B. zur Faltenachse, verlaufen, oft klaffen und Mineralbelag führen. Gefügekundlich entsprechen sie den ac-Flächen (Abb. 2). Ferner sind die L-Klüfte (ab-Flächen) und S-Klüfte (bc-Flächen) dazu zu rechnen.

Die Scherklüfte (Diagonalklüfte) bilden gewöhnlich ein zweischariges Scherflächenpaar, deren beide Scharen in ihren Raumlagen einen annähernd rechten Winkel zueinander bilden, der einerseits von der Formungsebene (ac), andererseits von der Formungsachse (b = B) halbiert wird. Ihre Anordnung als 0kl-, h0l- und hk0-Systeme ergibt sich aus Abb. 3 (s. Kap. 2).

Näheres über Klüfte s. bei LOTZE (1933), CLOOS (1936), BILLINGS (1956), ASHGIREI (1963), BANKWITZ (1965) u.a.. Zur statistischen Auswertung der Klüfte sei auf CTH 2 und CTH 4 hingewiesen.

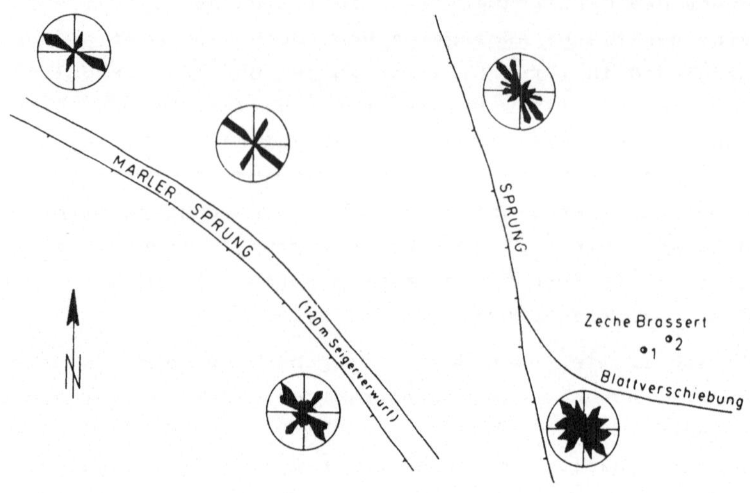

Abb. 4
Beispiel für die statistische Auswertung von Klüften und Schlechten in einem Flöz auf der Zeche Brassert im Ruhrgebiet. Die Hauptrichtungen in den Kluftrosen laufen den Störungen parallel. Nach PILGER(1965).

3.2.1.2 Spalten (engl. fissures, clefts)

"Weichen die Wände einer schon vorhandenen oder einer im gleichen Akt sich bildenden Kluft quer oder schräg auseinander, so erweitert sich die Kluft zum Spalt. Wie im täglichen Sprachgebrauch nennen wir Spalten solche Hohlräume, die vorwiegend flächenhaft ausgedehnt und von ungefähr parallelen Wänden begrenzt sind" (CLOOS 1936, S. 220). Von Klüften sind alle Übergänge zu Spalten und zu Störungen vorhanden. Eine scharfe Abgrenzung der Spalte zu anderen bruchhaften Formen läßt sich nicht durchführen (SCHMIDT-THOMÉ 1972, S. 71). METZ (1967, S. 79 ff) macht in genetischer Hinsicht keine Unterschiede zwischen Spalten und Klüften bzw. zwischen Reißklüften und Reißspalten. Nach ihm ist es eine Definitionsfrage, wann man von einer Q-Kluft oder einer Q-Spalte spricht.

Immerhin sind die Spalten mit ihrer klaffenden Öffnung wesentlich wirksamer für geologische Vorgänge, die auf und an

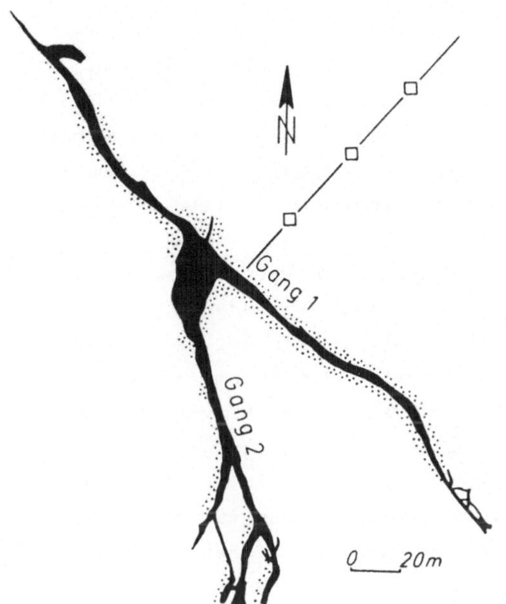

Abb. 5
Eine Spalte querschlägig (Gang 1) und eine Spalte diagonal (Gang 2) zur Faltenachse. Schwerspatgang von Dreislar im Sauerland. Nach PILGER & WEISSER 1965.

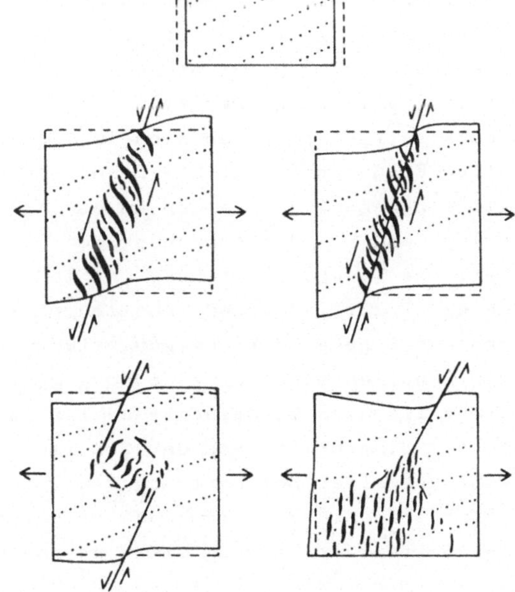

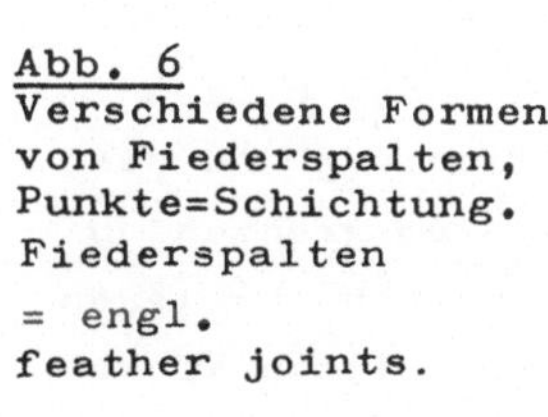
Abb. 6
Verschiedene Formen von Fiederspalten, Punkte=Schichtung. Fiederspalten = engl. feather joints.

ihnen vorsich gehen. Das gilt sowohl für Spalten, die aus Klüften oder Kluftscharen durch Erosion erweitert wurden, als auch für tektonisch erweiterte Rupturen. Weitreichende unterirdische Wasserläufe folgen den Spaltensystemen eines Karstgebirges. Zutage ausgehende Spalten vergrößern die Gesamtoberfläche, an der die Erosion angreifen kann. Spalten bleiben jedoch nicht lange offen, sondern werden bald nach ihrem Aufreißen wieder geschlossen. Nachfall oder Verwitterungs- und Erosionsprodukte können sie ausfüllen. Deszendente Wässer zirkulieren auf ihnen und setzen Mineralien ab. Aszendent steigen aus der magmatischen Schmelze Differenziate auf und füllen die Spalten mit Aplit-, Mineral- und Erzgängen.

Die Entstehung tektonischer Spalten kann wie bei den Klüften auf Normal-, wie auf Scherspannungen zurückgehen, wobei sich Reißfugen bzw. -spalten oder Scherfugen bzw. -spalten bilden (Abb. 5, s. Kap. 3.2.1.1).

Fiederspalten (Abb. 6) entstehen gleichfalls durch Scherspannungen. Sie treten gestaffelt (en echelon) auf und zeigen in dieser Art eine sehr variable Ausbildung in verschiedenen Dimensionen, wobei sie aber auf wenige Grundformen zurückzuführen sind. Sie bilden sich bevorzugt im Grenzbereich zweier Schollen mit entgegengesetzt gerichteter Spannung bzw. gegensinniger Bewegung. Dabei brauchen die beiden Schollen nicht durch eine Störung getrennt zu sein. Beim Überschreiten der Gesteinsfestigkeit bilden sich im Grenzbereich der beiden Schollen Fiederstaffeln. Die Beanspruchungsrichtung und die relative Bewegung der beiden an ein Fiedersystem grenzenden Schollen kann aus der Anordnung der Fiederstaffeln abgelesen werden. Die Bewegung verläuft in Richtung des spitzen Winkels zwischen Einzelfieder und Schollengrenze. Die Fiederspitzen zeigen dabei gegen die Bewegungsrichtung (Abb. 6). Wenn die beiden Schollen durch eine Störung getrennt sind, ordnen sich die Einzelfiedern beiderseits an ihr entlang auf. Durch Abnahme der Scherkräfte von der Schollengrenze in die Scholle hinein, vor allem bei Fortgang der Scherbewegung, erscheinen die Einzelfiedern oft sigmoidal verbogen und die Fiedern auf beiden Seiten der Störung etwas gegeneinander versetzt.

3.2.2 Störungen, Verschiebungen, Verwerfungen

3.2.2.1 Allgemeines

Unter dem Begriff Störung (hier i.e.S. als bruchhafte Störung)[7], Verschiebung oder Verwerfung (engl. fault), auch Verwerfer, Bruch (beim "Bruchfaltengebirge") werden alle tektonischen Rupturen zusammengefaßt, an denen sich angrenzende Gesteinsschollen aneinander verschoben haben bzw. gegeneinander verworfen sind. Es handelt sich bei ihnen um die eigentlichen bruchhaften Störungen. Die Verschiebungen an ihnen können cm-Beträge betragen. Es können aber auch Verwerfungsbeträge von zehn, hundert oder weit über 1000 m vorliegen. Der laterale Verschiebungsbetrag einer Störung kann viele km betragen. Ganze Kontinente können an Suturlinien gegeneinander verschoben oder an ihnen gegeneinander gedriftet sein. Wie in Kap. 3.1 mitgeteilt wurde, treten bruchhafte Störungen überwiegend in höheren Erdkrustenniveaus auf. Generell können Störungen jede Raumlage in Beziehung zur Erdoberfläche einnehmen (Abb. 7). Die Verschiebungen an ihnen werden gewöhnlich durch endogene Kräfte, vielfach Scherkräfte veranlaßt.

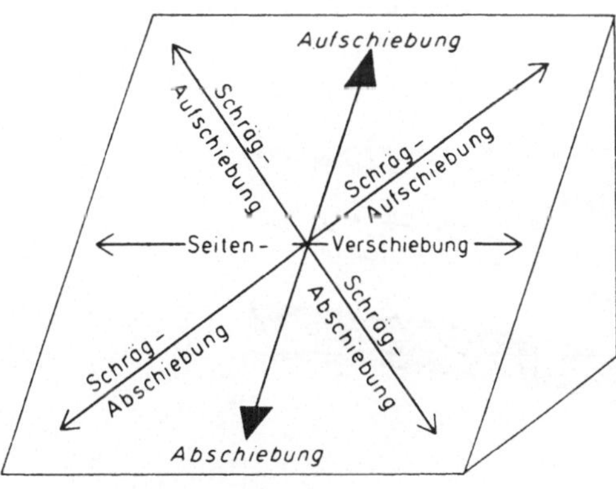

Abb. 7
Mögliche Verschiebungsrichtungen auf einer Störungsfläche. Nach CLOOS (1936) und CTH 3, Abb. 10.

---

[7] Der Begriff "Störung" wird bei CLOOS (1936) und MURAWSKI (1968/76) als bruchhafte Störung im Sinne einer Verschiebung gebraucht.

Die Störungsfläche kann glatt und scharf wie ein Messerschnitt sein und ungekrümmt in vertikaler, horizontaler oder schräger Richtung verlaufen. Häufig sind die Störungsflächen unregelmäßig oder sigmoidal (schaufelförmig) verbogen. Die Verschiebungen an der Störung zeigt sich an Bewegungsspuren auf den Störungsflächen, die als Harnischstriemen (engl. striation) bezeichnet werden. Auch kommt es zur Bildung von Brekzien und Myloniten zwischen den Störungsflanken (s. Kap. 3.4).

Gewöhnlich haben Störungen nichts mit der Sedimentation einer Schichtfolge zu tun, sondern gehören einem späteren, von der Sedimentation unabhängigen endogenen Vorgang an, wenn der betreffende Gebirgskörper einer tektonischen Beanspruchung unterworfen wird. Doch gibt es auch <u>synsedimentäre Störungen</u> (engl. growth faults), die sich während der Sedimentation bilden (Abb. 8). Durch synsedimentäre Störungen erfolgte z.B. eine erhebliche Mächtigkeitsanreicherung der sedimentären Fe-Erze in der Unterkreide am Salzgitterer Sattel. Kompaktionsstörungen (engl. compactional faults) reißen während der Diagenese ein (Abb. 9 und Fototafel 1/1).

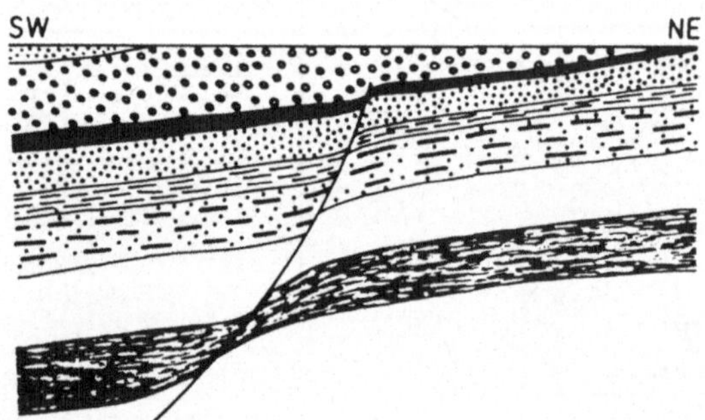

<u>Abb. 8</u>
Synsedimentäre Störung. Der Verwerfungsbetrag wird zum Liegenden größer, zum Hangenden hin geringer und setzt in der jüngsten Schicht ganz aus. In der abgesunkenen Scholle sind die Schichtmächtigkeiten größer.

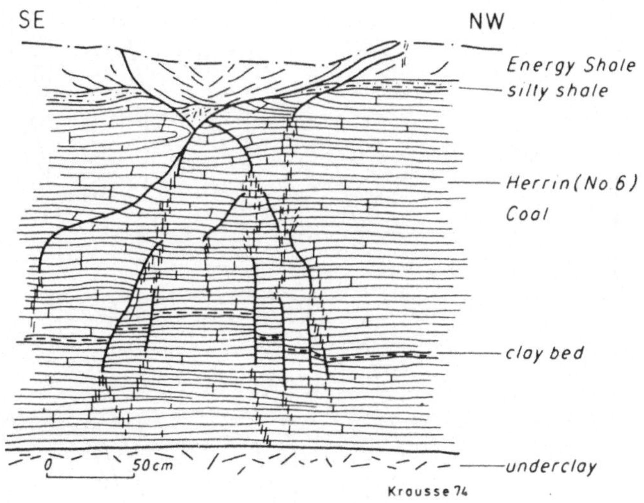

Abb. 9
Kompaktionsstörungen mit zugehörigen Dehnungsklüften, die während der Diagenese eingerissen sind.
Aufnahme von KRAUSSE, vergl. Fototafel 1/1.

An der Tagesoberfläche sind Störungen häufig morphologisch durch Täler nachgezeichnet, weil das gestörte und mylonitisierte Gestein im Störungsbereich leichter erodiert wird als das gesunde Gestein außerhalb der Störungszone. Doch zeigt nicht jedes Tal eines Störung an. Auf den Störungen zirkuliert vielfach Wasser, und Quellen treten an ihnen aus. Doch können Störungen, die von Störungsletten oder mylonitisiertem Gestein gefüllt sind, auch wasserstauend auf das im Gestein außerhalb der Störung zirkulierende Grundwasser wirken. In anderen Fällen dienen Störungen als Erdölfallen.

Die Vielzahl der bruchhaften Verschiebungen in der Erdkruste lassen sich auf drei Grundformen zurückführen (Abb. 10, vergl. Abb. 7):

1) Einengungsstörungen: Aufschiebung (engl. reverse fault), Überschiebung (engl. overthrust), Unterschiebung (engl. underthrust), Deckel, Decke (engl. nappe).

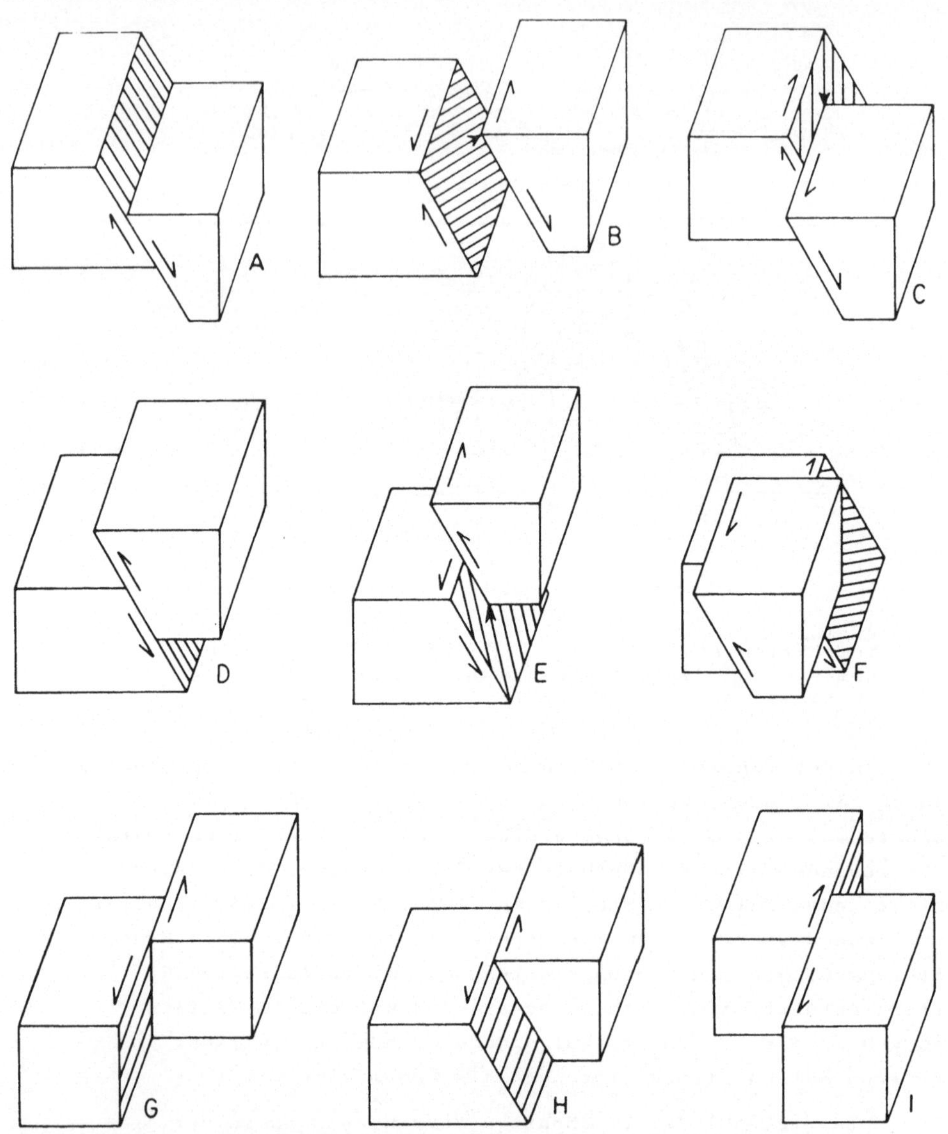

Abb. 10
Die Grundformen der bruchhaften Störungen (vergl. Abb. 7), nähere Erläuterung siehe im Text: A Abschiebung, B Schrägabschiebung, linkshändig (s. Kap. 3.2.2.4), C Schrägabschiebung, rechtshändig, D Aufschiebung, E Schrägaufschiebung, linkshändig, F Schrägaufschiebung, rechtshändig, G Seitenverschiebung mit seiger stehender Störungsfläche, linkshändig, H Seitenverschiebung, linkshändig, mit mittelsteil einfallender Störungsfläche, I Seitenverschiebung, rechtshändig.

2) Ausweitungsstörungen: gleichbedeutend werden gebraucht: Abschiebung, Sprung, "Verwerfung" (engl. normal fault, normal slip fault, gravity fault), ferner zu Ausweitungsstörungen: Untervorschiebung.

3) Seitenverschiebungen: gleichbedeutend werden gebraucht: Horizontalverschiebung, Blattverschiebung, Blatt, Diagonalseitenverschiebung (engl. strike slip fault, wrench fault, transcurrent fault).

Übergänge zwischen 1 und 3, sowie 2 und 3 bilden Schrägaufschiebungen, bzw. Schrägabschiebungen (engl. oblique slip faults).

3.2.2.2 Einengungsstörungen (engl. compressional faults)

Die Einengungsstörungen entstehen durch horizontale Verkürzung eines Erdkrustenteiles. Die entsprechende Störung ist die Aufschiebung oder die Überschiebung. Geodynamisch entspricht die (bruchhafte) Überschiebung bzw. Aufschiebung der(bruchlosen) Falte. Beide Formen der Einengung kommen häufig zusammen vor bzw. vertreten sich gegenseitig (s. Abb. 1). Beide streichen senkrecht zur stärksten Einengung des Gebirges und parallel der geringsten tektonischen Beanspruchung. Daher verläuft die Auf- bzw. Überschiebung im allgemeinen parallel zur Falten-(B-)Achse.

Die Einengung des Gebirgskörpers zeigt sich meistens daran, daß die Hangendscholle an der Störungsfläche über die Liegendscholle vorbewegt ist (Abb. 10 D, E, F, 11 A, B). Dadurch ergibt sich normalerweise eine Verdoppelung der von der Überschiebung betroffenen Schichtpakete. In einer Bohrung kann die gleiche Schicht daher zweimal durchteuft werden (Abb. 23 I).

Doch ist es häufig nicht möglich, sicher festzustellen, ob tatsächlich die hangende Scholle und nicht die liegende Scholle oder beide zusammen bewegt wurden. Wurde sicher erkannt, daß allein die liegende Scholle bewegt wurde, so spricht man von einer Unterschiebung (Abb. 12 links, 25 k).

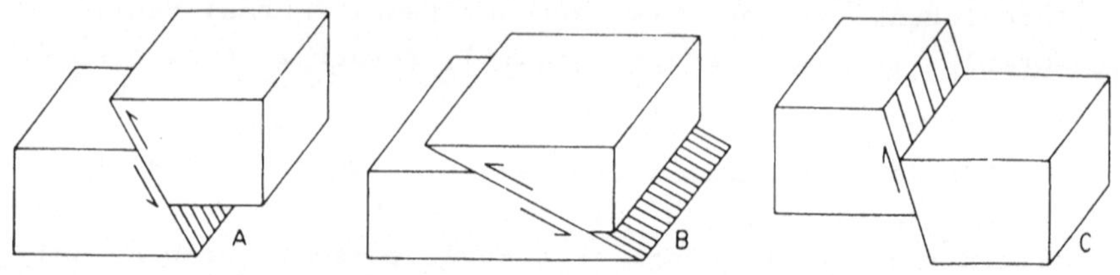

Abb. 11

A Aufschiebung, B Überschiebung, C Untervorschiebung

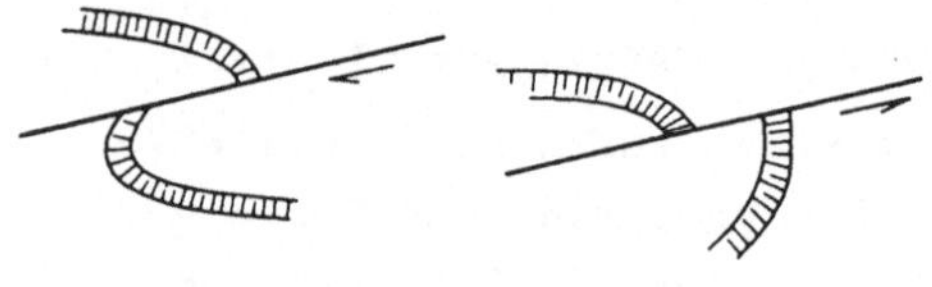

Abb. 12

Wenn nachweisbar die liegende Scholle bewegt wurde, spricht man bei einer Einengungsstörung (links) von Unterschiebung, bei einer Ausweitungsstörung (s. Kap. 3.2.2.3) von Untervorschiebung.

Deutlich läßt sich bei der Einengungsstörung die Richtung der Relativbewegung, d.h. die Vergenz, erkennen. Denn die Störungsfläche fällt fast immer, wenn sie nicht gewellt ist, gegen die Richtung der Einengungsbewegung ein(Abb. 11, 13, 23 I und III). Dies entspricht der Lage der Achsenfläche bei einer unsymmetrischen, d.h. vergenten Falte (Abb. 1, s. CTH 12).

Bei den Einengungsstörungen lassen sich folgende Störungsformen unterscheiden:

Aufschiebung (engl. reverse fault)(Abb. 10 D, 11 A, 13, 23 I und III, 25 b,c,e,j): Die Störungsfläche fällt steiler als 45° ein. Die Förderweite w auf der Störungsfläche (Abb. 35 b) ist geringer als bei der Überschiebung, zumal die Gravitation in starkem Maße überwunden werden muß.

Überschiebung (engl. thrust, overthrust)(Abb. 11 B, 14, 25 f): Die Störungsfläche fällt flacher als 45° ein.

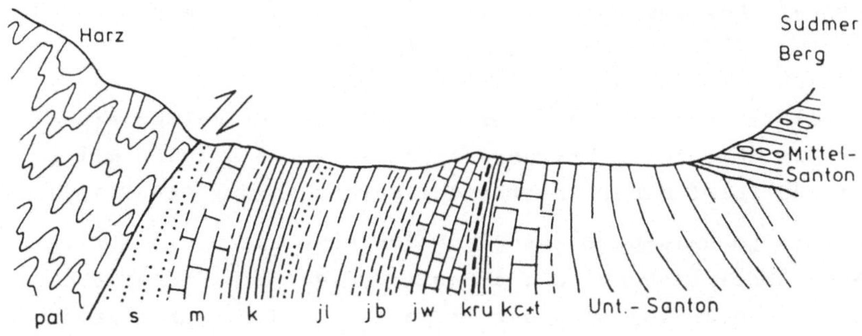

Abb. 13
Profil durch die Harzrandaufschiebung gegen NE auf das subherzyne Becken im Schnitt des Okertales bei Oker/Goslar. Aus MOHR 1973. Legende: pal. Paläozoikum (variszisch konsolidiert), s Buntsandstein, m Muschelkalk, k Keuper, jl Lias, jb Dogger, jw Malm, kru Unterkreide, kc+t Cenoman und Turon. Aufschiebung und Überkippung der überschobenen Schichten erfolgten vor dem Mittelsanton, das diskordant liegt. Mit Erlaubnis der Gebr. Bornträger Verlagsbuchhandlung und des Verfassers.

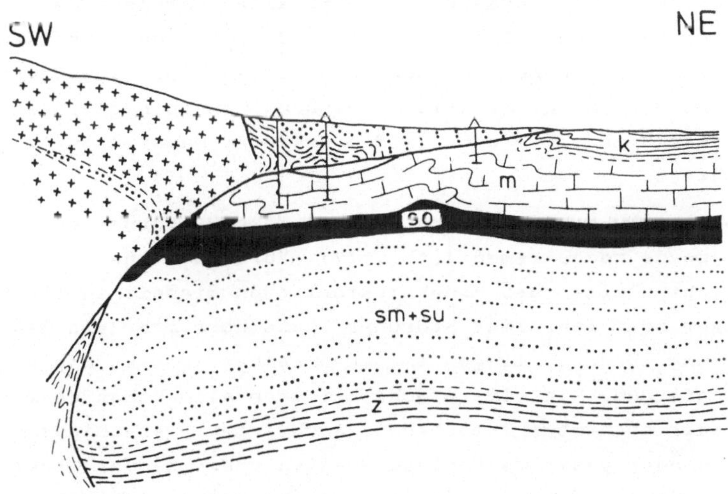

Abb. 14
Profil durch die Randüberschiebung des Thüringer Waldes bei Ohrdruf. Nach MARTINI (1955), aus CTH 3. Kreuze: Vor-Zechsteingebirge, z Zechstein, su, sm, so unterer, mittlerer, oberer Buntsandstein, m Muschelkalk, k Keuper.

Wechsel: bergmännischer Ausdruck für Aufschiebung oder Überschiebung: "Das Gebirge wechselt vom Liegenden zum Hangenden der Störungsfläche". Der "mitgefaltete Wechsel", sehr charakteristisch für das Ruhrkohlengebirge, ist bei der Einengung des Gebirges bereits schon vor der Bildung der Falten eingerissen. Im Ablauf des Faltungsvorganges wurde er dann mitgefaltet und folgt daher in etwa dem Faltenschwung (Abb. 15).

Deckel: bergmännische Bezeichnung für eine flach bis söhlig liegende Überschiebung, die erheblich flacher als die Schichtung, das Kohlenflöz oder der Erzgang einfällt. Es ergeben sich im Riß schwierig zu deutende Bilder.

Unterschiebung (engl. underthrust)(Abb. 12 links, 25 k): nachweisbar schiebt sich nicht die hangende Scholle über die liegende. Vielmehr bewegt sich die liegende Scholle unter der hangenden abwärts. Ein Nachweis über den relativen Bewegungssinn der beiden Schollen ist allerdings schwierig und oft sogar nicht möglich.

Schuppenzone (Abb. 16): Mehrere etwa parallel streichende, steile Aufschiebungen folgen hintereinander. In den einzelnen Schuppen zwischen den Aufschiebungen erscheinen oft annähernd die gleichen Schichten. Beispiele von Schuppenzonen gibt es im Oberharzer Diabas-Zug oder im Siegerländer Haupt- bzw. Schuppensattel.

Deckenüberschiebung, Decke (engl. nappe, decke, thrustzone; franz. nappe de recouvrement)(Abb. 17): Vorschub eines mächtigen Schichtpakets oder einer tektonischen Einheit an flacher, oft söhliger oder gewellter Störungsfläche über mehr als 3-4 km Entfernung. Dadurch liegen am tektonischen Kontakt und auf weitere Entfernung hin ältere Schichtfolgen allochthon über jüngeren oder auch über Autochthon. Auch lagern verschiedene nicht zueinander passende Fazieseinheiten übereinander, oder es zeigt sich ein schroffer Metamorphose-Sprung in übereinanderliegenden Abfolgen. An der Deckenbahn finden sich stark gestörte Gesteine, Schuppen, Brekzien und Mylonite.

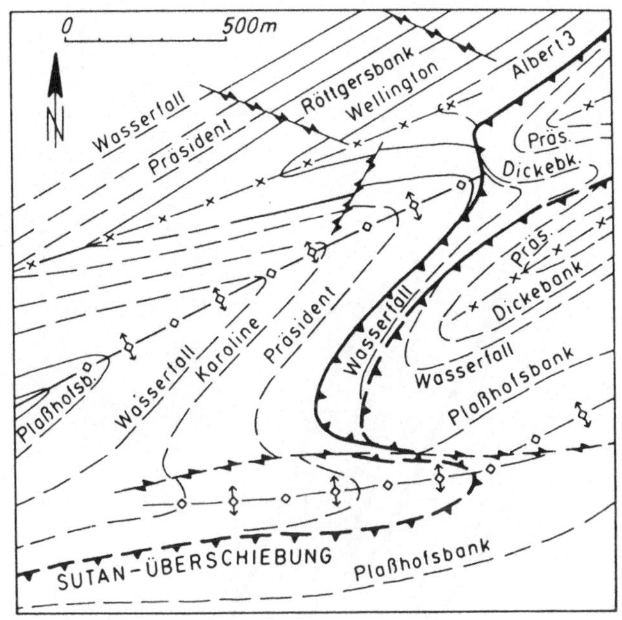

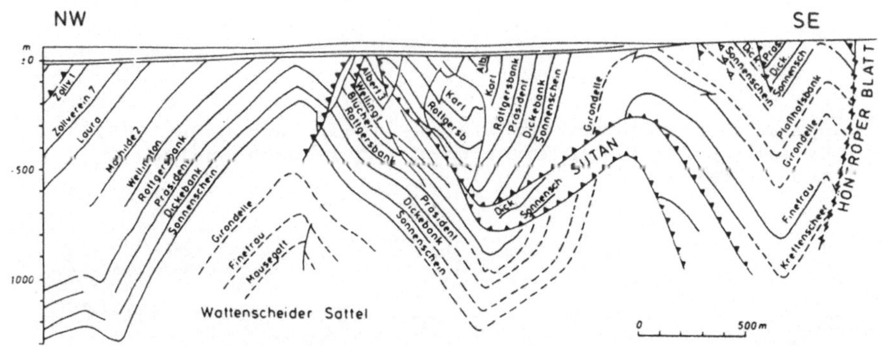

Abb. 15 a und b
Der Sutan als mitgefalteter Wechsel in den Steinkohlenschichten des Ruhrgebietes. a: Karte an der Karbonoberfläche (oben) und b: Profil (unten). Aus Blatt Bochum der "Geologischen Karte des Rheinisch-Westfälischen Steinkohlengebietes", nach MICHELAU & TEICHMÜLLER 1949/50. Profil liegt nicht im Kartenausschnitt.

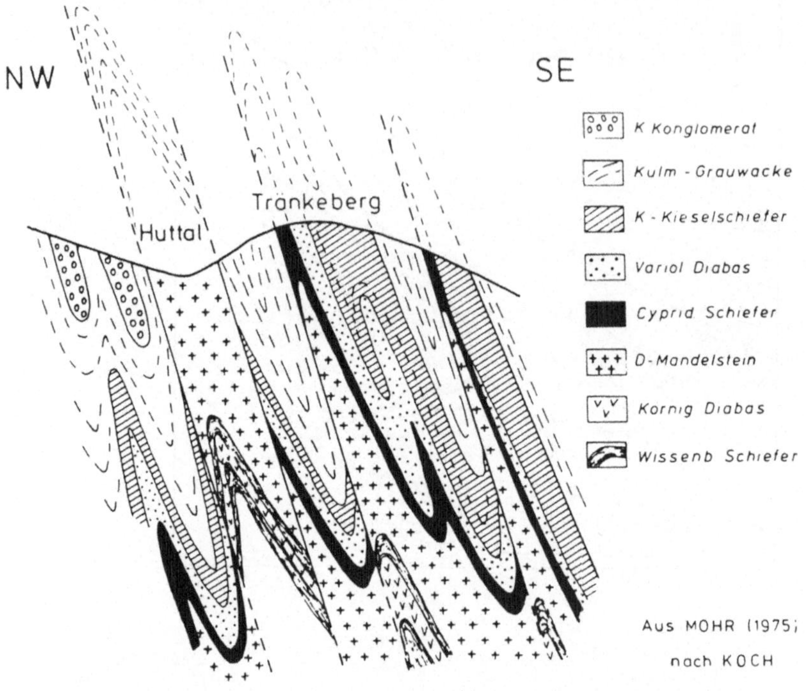

Abb. 16
Schuppenzone des Oberharzer Diabas-Zuges. Nach MOHR 1975. Mit Erlaubnis der Gebr. Bornträger Verlagsbuchhandlung und des Verfassers.

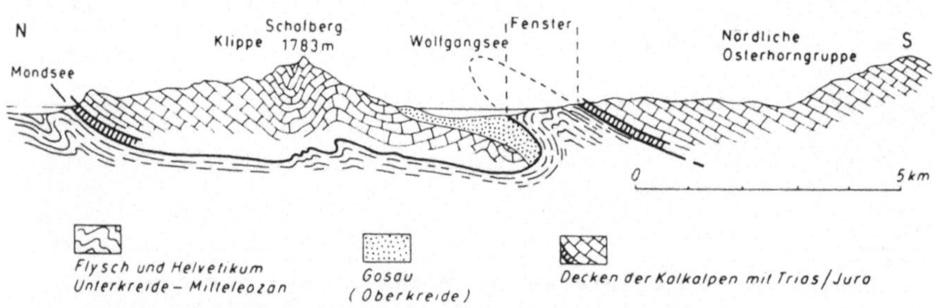

Abb. 17
Beispiel einer Deckenüberschiebung. Kalkalpin (Oberostalpin) über Flysch und Helvetikum. Vereinfachte Darstellung nach PLÖCHINGER 1964 , mit Erlaubnis des Verfassers. Eng schraffiert: gestörtes Gebirge.

Deckenüberschiebungen sind z.B. in den Alpen über mehr als 100 km nachweisbar. Die drei bedeutenden Fazieseinheiten der Alpen, Helvetikum, Pennin und Ostalpin, lagen ursprünglich horizontal weit getrennt voneinander. Seit dem Alttertiär sind sie als Decken, noch vielfach in Teildecken gegliedert, tektonisch übereinander gestapelt worden. Da die Vergenz in den Westalpen gegen Westen, in den Ostalpen gegen Norden gerichtet ist, bildet die ursprünglich am weitesten nördlich gelegene Fazieseinheit, das Helvetikum bzw. der Flysch, heute die untersten Deckeneinheiten.

Die Decken sind tektonisch aus ihrer Wurzelzone (engl. root zone) ausgepreßt, ihre Schubfront wird als Deckenstirn (engl. toe) bezeichnet. Ursprünglich bildet jede Decke eine zusammenhängende Einheit. Durch nachträgliche Erosion kann der Zusammenhang gelöst sein. Erscheint, etwa in einem Tal, die unter einer Decke liegende Einheit zutage, so spricht man von einem Fenster (engl. window, fenster). Bekannte Beispiele sind das Engadiner Fenster und das Tauornfenster, in denen Pennin unter verschiedenen Einheiten des Ostalpin zutage ausstreicht. Durch die Erosion isolierte Deckenreste werden als Klippen (engl. klippe) bezeichnet (z.B. die Mythen am Vierwaldstätter See).

3.2.2.3 Ausweitungsstörungen (engl. extensional faults)

Ausweitungsstörungen entstehen bei lateraler Dehnung eines Gebirgskörpers. Dabei wird das betroffene Schichtpaket gedehnt oder gezerrt, wobei zunächst eine Flexur entstehen kann (Abb. 1 und 18). Nach Überschreitung der Elastizitäts-

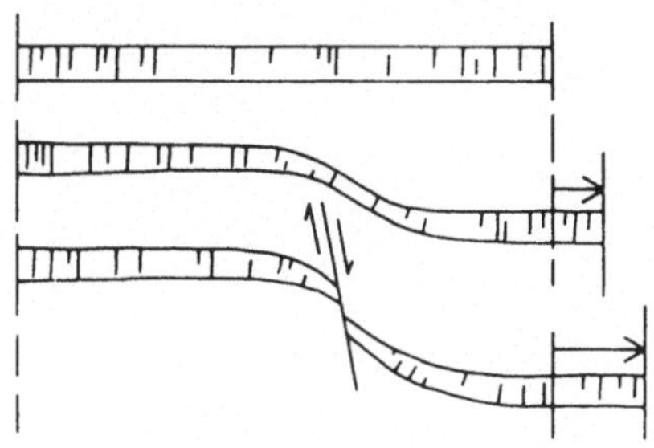

Abb. 18
Ausweitung eines Schichtpaketes durch eine (bruchlose) Flexur und durch eine Abschiebung.

grenze und Überwindung der Festigkeitsgrenze reagiert es mit einer bruchhaften Störung. Diese wird als Abschiebung oder Sprung (engl. normal fault), auch als Verwerfer, Verwerfung i.e.S., manchmal auch nur als Störung bezeichnet (Abb. 10 A, 23 II u.a.). Mit der Bezeichnung "Abschiebung" wird sowohl der Typ der Störung, als auch der Bewegungsvorgang gekennzeichnet (CLOOS 1936).

Der Dehnungsbetrag einer Ausweitungsstörung ergibt sich aus dem horizontalen Abstand zwischem dem gleichen Punkt einer Schicht im Liegenden und Hangenden einer Störung. Durch die Ausweitung des Bereiches können Schichten (im Riß und/oder im Profil) ausfallen (Abb. 23 II, IV). Treten mehrere Abschiebungen in einem Bereich auf, so ist die Gesamtdehnung dieses Bereiches gleich der Summe aller einzelnen Ausweitungen an den Störungen (Abb. 19). Während der Vorgang der Ausweitung sich im wesentlichen lateral vollzieht, bewegt sich die Scholle über der Störungsfläche, der Schwerkraft folgend, (meist schräg) abwärts (Abb. 10 A,B,C, 19 oben, 23 II,IV).

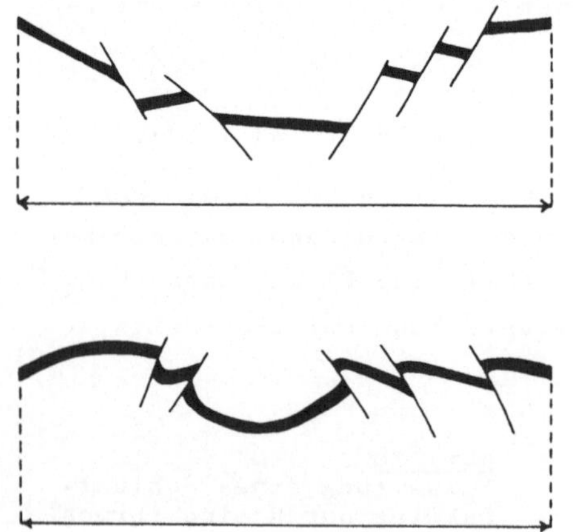

Abb. 19
Ausweitungsstörungen (oben) im Vergleich mit Einengungsstörungen (unten). Nach LOTZE 1931, 1937. Im oben dargestellten Profil ist die ursprünglich waagerecht liegende Schicht kürzer, im unteren Profil länger als die waagerechte Linie mit Pfeilen.

Der Einfallswinkel einer Abschiebung liegt gewöhnlich zwischen 50° und 75°. In der Literatur werden Mittelwerte zwischen 60-70° angegeben. Winkel über 85° und unter 50° kommen seltener vor. Mit der Zunahme des Einfallswinkels wird der laterale Ausweitungseffekt geringer, der vertikale dagegen größer. Bei flacherem Einfallswinkel wird der Reibungswiderstand bei der abschiebenden Bewegung größer. Oft reißen dann, zum Ausgleich einer blockierten Dehnung, mehrere Abschiebungen hintereinander ein (Abb. 20 und 24), oder es bilden sich parallel zum Streichen der Störung dicht gescharte Reißfugen als Dehnungsklüfte, die die laterale Ausweitung unterstützen (Abb. 9).

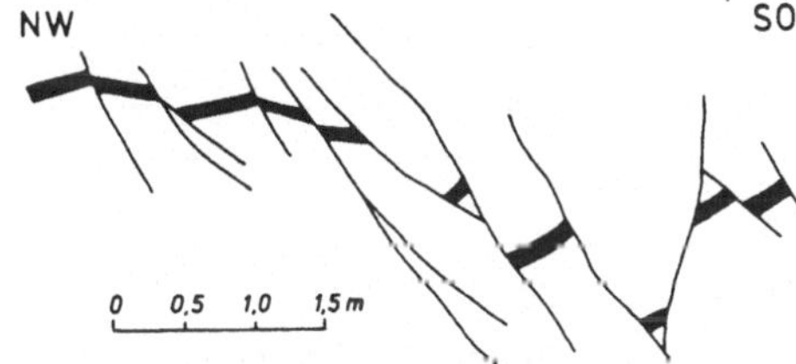

Abb. 20
Kleintektonische Abstaffelung an synthetischen und antithetischen Kleinstörungen zu einem Graben. Nach LOTZE 1937.

Gewöhnlich sinkt die hangende Scholle über der liegenden ab. Manchmal läßt sich auch nachweisen, daß sich die liegende Scholle gegenüber der hangenden bewegt. Dann spricht man von einer Untervorschiebung (Abb. 12 rechts). Nicht zu selten bewegen sich auch beide Schollen nicht nur relativ, sondern auch absolut in entgegengesetzter Richtung. So senkt sich z.B. der Oberrheingraben an seinen Randstörungen seit dem Obereozän in mm-Beträgen pro Jahr abwärts, während Schwarzwald östlich und Vogesen westlich des Oberrheingrabens auch heute noch um jährlich 1-2 mm aufsteigen.

Das Maß, um das die hangende Scholle über der Störung abgesenkt ist, wird als <u>Verwerfungsbetrag</u> bezeichnet. Dabei bezieht man sich bei einer Ausweitungsstörung gewöhnlich auf den Seigerverwurf (engl. throw oder vertical displacement) (t in Abb. 28, S. 46) Der Seigerverwurf umfaßt dabei die vertikale Entfernung der gleichen Schicht (Abb. 23 IV, 35 a) bzw. eines durchtrennten Massenteilchen in der liegenden und hangenden Scholle (vergl. Abb. 27). Abschiebungen können Seigerverwürfe verschiedenen Ausmaßes aufweisen, von cm-Beträgen bis zu Verwürfen von 1000 m und mehr.

Ausweitungsstörungen treten in allen Kontinenten der Erde auf, beschränken sich jedoch im wesentlichen auf die höheren Stockwerke der Erdkruste, wo bruchhafte Verformung vorherrscht. Bedeutende Störungen durchschlagen auch die ganze Erdkruste, wobei an ihnen Basalte aus dem Erdmantel aufsteigen können (z.B. der alttertiäre Deccan Trapp in Vorderindien). Entscheidend wird das Bild der Kontinente tektonisch und morphologisch durch Ausweitungsstörungen in den großen Grabengebieten wie dem Oberrheingraben (Abb. 22), dem Ostafrikanischen Grabensystem, dem Jordangraben (s. Fototafel 3) u.a. beeinflußt. Vorherrschend sind Ausweitungsstörungen auch im Bruchschollengebirge,wie im mitteleuropäischen Saxonikum verbreitet. In Faltengebirgen kommen sie oft querschlägig, gelegentlich auch diagonal zu den Faltenachsen vor.

Gewöhnlich tritt nicht nur eine Störung allein auf, sondern mehrere durchsetzen das Gebirge in Störungsscharen. Dabei kommen Staffelbrüche oder synthetische oder antithetische Schollentreppen (engl. step fault) vor (s. Kap. 3.3.1, Abb. 20, 21 und 24). Von tektonisch höher liegenden Schollen kann sich das Gebirge beidseitig zu einem <u>Graben</u> (engl. graben) herabstaffeln, in dem die jüngsten Schichten lagern bzw. von der Erosion verschont sind (Abb. 21, 22, Fototafel 3).

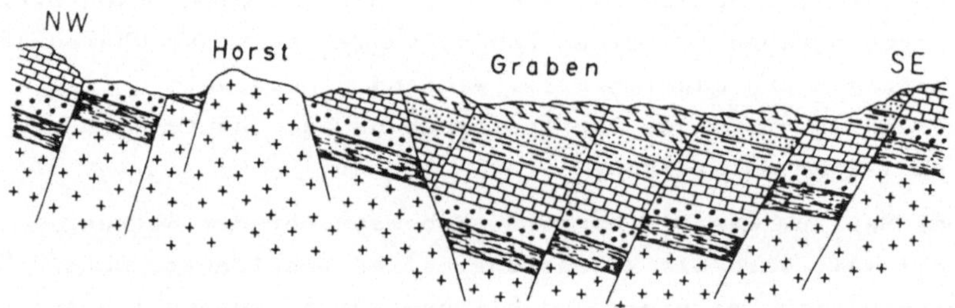

Abb. 21
Tektonischer Graben (Mitte), tektonischer Horst (links) mit antithetischer Schollentreppe im SE und NW sowie einen kleinen y-Graben innerhalb der Hauptgrabenscholle (schematisch, vergl Kap. 3.3.1)

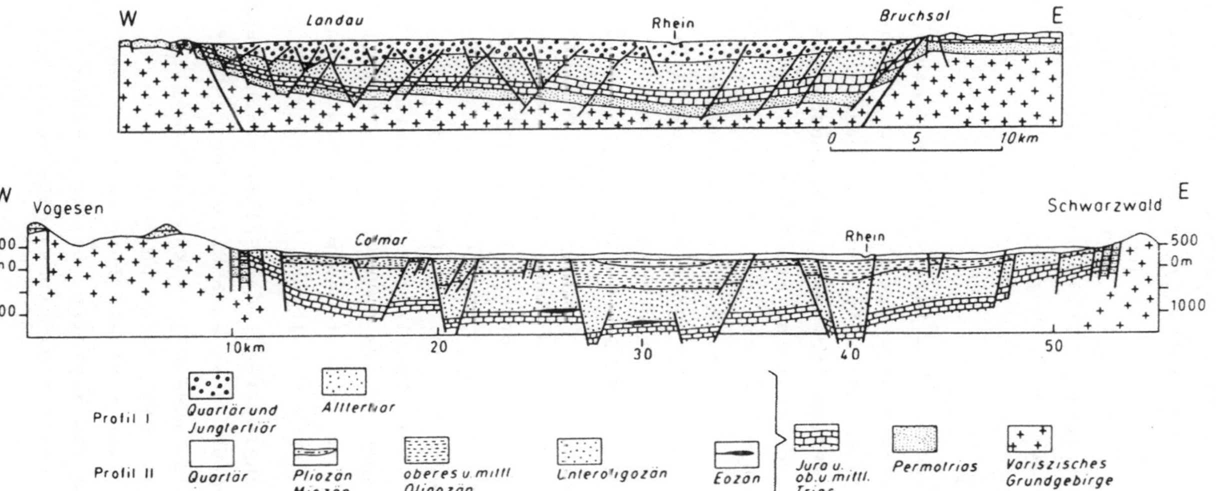

Abb. 22
Querprofil durch den Oberrheingraben im Nord- (oben) und Südteil (unten). Das variszische Grundgebirge, im Schwarzwald und in den Vogesen zutage ausstreichend, staffelt sich im Graben mehrere km tief unter Mesozoikum und Tertiär herunter. Der Oberrheingraben, zwischen Basel und Mainz 300 km lang und im S rd. 35 km breit, wurde vor 45 Mio Jahren im Mittleren Eozän angelegt und sank bei mehrfacher Verlagerung des Senkungsmaximums bis heute ein. Die Ausweitung beträgt rd. 4,8 km. Bei den Störungen handelt es sich vorwiegend um synthetische Abschiebungen mit 60-65° Einfallen. Oberes Profil nach ILLIES (1974), mit Erlaubnis der E. Schweizerbart'schen Verlagsbuchhandlung Stuttgart. Unteres Profil nach WAGNER, W. aus WAGNER, G. (1960), mit Erlaubnis der Hohenlohe'schen Buchhandlung, Öhringen.

Demgegenüber heben sich die älteren Schichten an Störungen zu einem Horst heraus (Abb. 21, Fototafel 1). Schwarzwald und Vogesen sind Halbhorste. Zum Oberrheingraben staffelt sich das Gebirge an Störungen herunter (Abb. 22). An der Westseite der Vogesen und Ostseite des Schwarzwaldes liegt Mesozoikum ungestört und flach auf dem variszischen Grundgebirge.

3.2.2.4 Seitenverschiebungen

Unter Seitenverschiebungen (auch Lateralverschiebungen, Horizontalverschiebungen, Blattverschiebungen, Blätter, Diagonalseitenverschiebungen)(engl. strike slip faults, wrench faults, transcurrent faults) werden Störungen verstanden, die durch horizontale Verschiebungen an meist steil einfallenden oder senkrecht stehenden Flächen entstanden sind (Abb. 7 , 10 G,H,I). Die seitliche Bewegung zeigt sich vielfach an einer horizontal liegenden Harnischstriemung auf den Störungsflächen. Bei der Verschiebung kann sich eine der beiden seitlichen Schollen gegen die andere, oder beide können sich gegensinnig aneinander vorbei bewegen. Dabei kann in Hinblick auf den relativen Bewegungssinn an der Störung eine Rechtsstörung oder rechtshändige Störung (engl. dextral strike slip fault) und eine Linksstörung oder linkshändige Störung (engl. sinistral strike slip fault) unterschieden werden. Zu ihrer Ermittlung blickt man querschlägig von einer Scholle über die Störung auf die andere. Ist die auf der anderen Seite liegende Scholle relativ nach rechts versetzt, so spricht man von Rechtsstörung (Abb. 10 I), im anderen Fall von Linksstörung (Abb. 10 G und H).

Der seitliche Verschiebungsbetrag einer Seitenverschiebung kann wenige Zentimeter und Meter, aber auch Kilometer, Zehner oder über 100 Kilometer betragen. Großstörungen dieser Art werden auch Paraphoren genannt. Oft lösen innerhalb eines Störungsbereiches Einzelstörungen staffelförmig einander ab, oder größere Störungen werden von kleineren Seitenverschiebungen oder Schrägabschiebungen sowie zahlreichen Klüften begleitet.

Heute noch aktive Störungen dieser Art, wie die San Andreas Fault (als Rechtsseitenverschiebung) in Kalifornien oder die durch die Türkei und den nördlichen Iran ziehende Störungsschar, sind durch das häufige Auftreten oft starker Erdbeben gekennzeichnet.

Im Faltengebirge gehören die Seitenverschiebungen zu den Scherungsstörungen. Als Blattverschiebungen bilden sie gewöhnlich ein zweischariges Scherfugenpaar, deren beiden Scharen in ihrer Raumlage einen annähernd rechten Winkel zueinander aufweisen. In ihrer Orientierung liegen sie der Koordinationsachse c parallel und treten in hk0-Stellung auf (vergl. Abb. 3). In dieser Art bilden sie, z.B. im Ruhrkarbon, zweischarige Störungsschwärme mit zahlreichen kleinen Begleitstörungen und Klüften. Teilweise können sie klaffen und Gangerze enthalten.

Die Transform-Störung (engl. transform fault, TUZO WILSON 1965, s. MURAWSKI 1968/72) ist eine in ihrem Bewegungsbild von der normalen Seitenverschiebung (engl. transcurrent fault) abweichende horizontale Scherungsstörung. Transform-Störungen treten in größerer Zahl und mit teilweise bedeutender, mehrere 100 km betragender Seitenverschiebung an den Mittelozeanischen Rücken auf, zu denen sie mehr oder weniger senkrecht verlaufen. Transform-Störungen entwickeln sich anscheinend in Bereichen, in denen ein dem ozeanischen Rücken zeitlich vorhergehender kontinentaler Graben bereits durch Störungen bzw. Seitenverschiebungen seitlich versetzt ist. Wandelt sich der kontinentale Graben zum Mittelozeanischen Rücken, so erweitert sich der Ozeanboden laufend durch das aus dem Mantel zugeführte basaltische Magma. Dabei dehnt sich der Ozeanboden beiderseits der Transform-Störung entgegengesetzt zum ursprünglichen Verschiebungsbetrag aus.

3.2.2.5 Schräge Verschiebungen

In den vorhergehenden Kapiteln wurden Störungen beschrieben, an denen die Bewegungen entweder senkrecht zum Streichen der Störung bzw. in deren Einfallsrichtung (engl. dip slip) und dabei aufwärts oder abwärts stattfanden. Oder es wurden

Störungen dargestellt, deren Bewegungen horizontal und im Streichen der Störung (engl. strike slip) abliefen. Auf diese Weise wurden Auf- und Abschiebungen sowie Blattverschiebungen gekennzeichnet. Häufig kommen aber auch schräge Bewegungen (engl. oblique slip) der beiden Schollen aneinander vor. In solchen Fällen spricht man von Schrägauf- (engl. right or left oblique slip reverse fault) oder Schrägabschiebungen (engl. right or left oblique slip normal fault)(Abb. 10 B, C, E, F, 26 a,28,29,30,31). Bei solchen Störungen sind also vertikale und horizontale Bewegungskomponenten miteinander verbunden.

Jemehr sich die Bewegung an der Störung, kenntlich an ihren Bewegungsstriemen, der Horizontalen nähert (Abb. 31), umso mehr wird aus der Schrägstörung eine Seitenverschiebung. Nehmen dagegen vertikale Bewegungen überhand (Abb. 30), so wird aus einer Schrägstörung eine Auf- oder Abschiebung. Doch ist für die exakte Klärung der Bewegung an einer Schrägabschiebung zu bedenken, daß eine Störung im Laufe der Zeit mehrfach, auch in verschiedener Richtung, bewegt sein kann und sich dann unterschiedlich gerichtete Bewegungsspuren auf der Störungsfläche überlagern können, wobei letzte Bewegungen nicht die stärksten zu sein brauchen.

3.3 Beziehungen zwischen dem Einfallen von Störung und Schichtung

3.3.1 Synthetisch und antithetisch

Bei einer Störung und zwar sowohl bei einer Aufschiebung als auch bei einer Abschiebung kann die Störungsfläche in die gleiche Richtung wie die Schichtung einfallen. Dann spricht man von einer synthetischen Störung (engl. synthetic fault) (Abb. 24 unten). Es gibt synthetische Aufschiebungen (Abb. 23 I) und synthetische Abschiebungen (Abb. 23 II). Deutlich läßt sich der Einengungscharakter der synthetischen Aufschiebung (Abb. 23 I) an der Verdoppelung der Schichtfolge erkennen. Eine vertikale Bohrung durchteuft die gleiche Schicht daher zweimal (vertikale Schichtenverdoppelung). Im Riß streichen gleiche Schichten zweimal zutage aus (horizontale Schichtenverdoppelung).

Bei der synthetischen Abschiebung ergibt sich der Ausweitungsbetrag (Abb. 23 II s) im Profil aus der horizontalen Entfernung der gleichen Schichtfläche unter und über der Störung, hier der Hangendgrenze der schwarz angelegten Schicht. Dabei läßt sich ein Schichtenausfall im Bereich der Störung erkennen. So wird die längs schraffierte Schicht in Abb. 23 II durch die Bohrung nicht getroffen (vertikaler Schichtenausfall). Im Riß (Abb. 23 II unten) streicht die mit schwarzen Flecken angelegte Schicht nicht zutage aus (horizontaler Schichtenausfall).

Fallen Störung und Schichten in entgegengesetzte Richtungen ein, so spricht man von einer antithetischen Störung (engl. antithetic fault)(Abb. 23 III und IV, 24 oben). Bei der antithetischen Aufschiebung durchteuft die Bohrung im Bereich der Störung die Schicht jeweils zweimal (vertikale Schichtenverdoppelung), was z.B. in Abb. 23 III bei der rechts liegenden Bohrung an der schwarzen Schicht zu erkennen ist. Im Gegensatz zur synthetischen Aufschiebung ergibt sich bei der antithetischen Aufschiebung im Riß (Abb. 23 III unten) jedoch ein Schichtausfall (horizontaler Schichtausfall), was z.B. die schwarz gefleckte Schicht betrifft.

Bei der antithetischen Abschiebung zeigt sich infolge der Ausweitung des Gebirges ein Ausweitungsbetrag (s auf Abb. 23 IV) und ein Schichtausfall (vertikaler Schichtausfall). Im Gegensatz zur synthetischen Abschiebung erkennt man im Riß aber keinen Schichtausfall, sondern eine Schichtenverdoppelung (horizontale Schichtenverdoppelung)(Abb. 23 IV unten).

So zeigen die vier genannten Störungsarten, die unter den bruchhaften Störungen wohl am verbreitesten sind, folgende Charakteristika:

Synthetische Aufschiebung (Abb. 23 I):
Einfallen von Störung und Schichtung in gleiche Richtung. Die Störung fällt steiler als die Schichten ein, Verdoppelung der Schichten im Profil und im Riß. Älteres in der Hangendscholle liegt neben Jüngerem in der Liegendscholle.

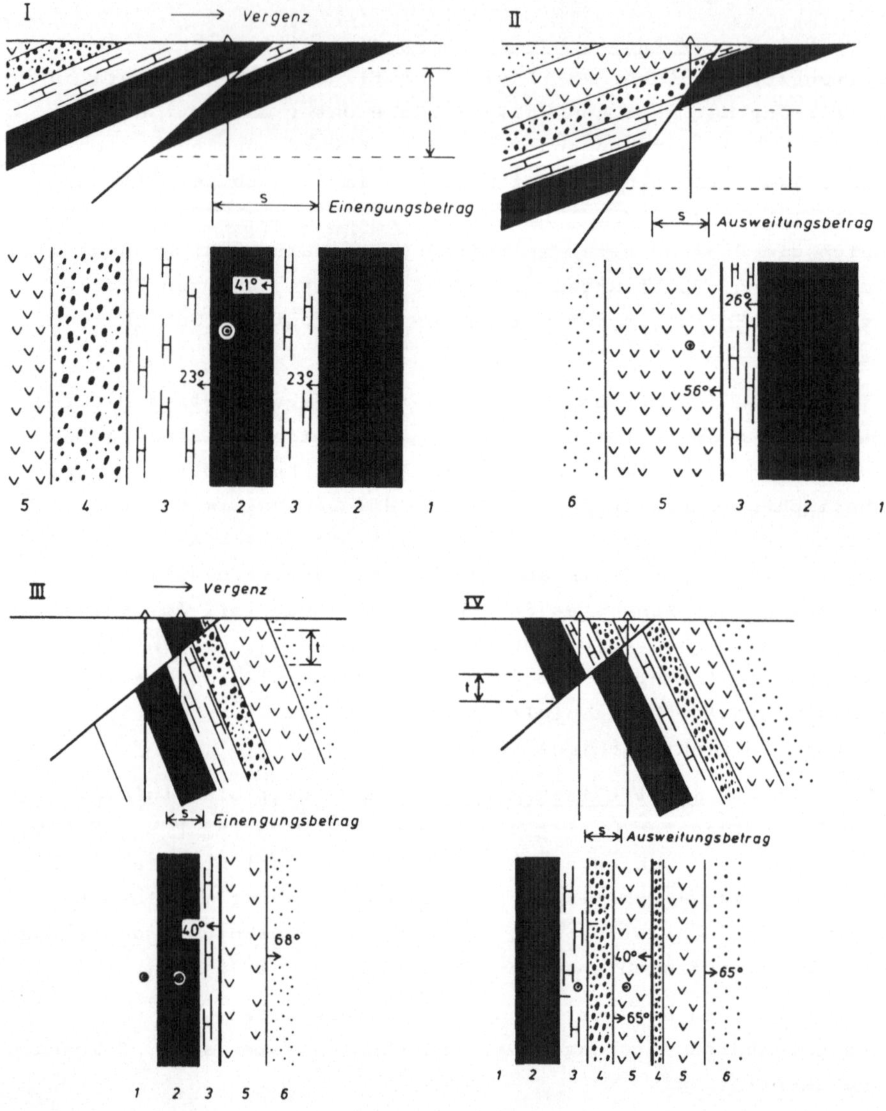

Abb. 23
Die wichtigsten Störungen in Riß und Profil. I synthetische Aufschiebung (Schichtung flacher als Störung), II synthetische Abschiebung (Schichtung flacher als Störung), III antithetische Aufschiebung, IV antithetische Abschiebung.
Bei I und III könnte auch von Überschiebung gesprochen werden (vergl. CLOOS 1936 und ASHGIREI 1963 , s.S. 22 unten).

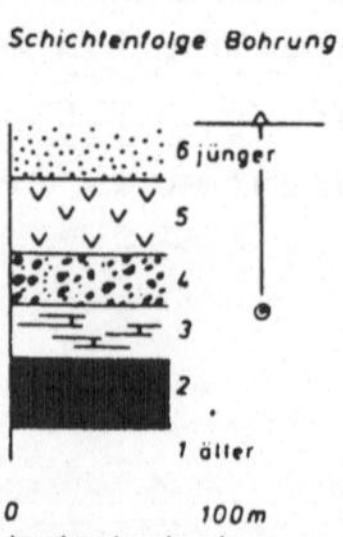

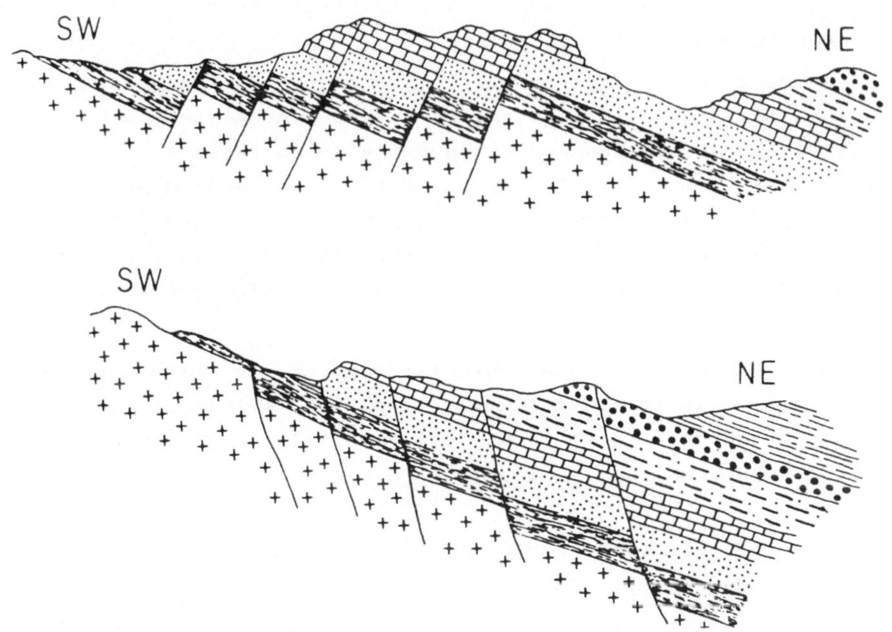

Abb. 24
Antithetische Schollentreppe (oben) und synthetische Schollentreppe (unten), schematisch.

Synthetische Abschiebung (Abb. 23 II) :
Einfallen von Störung und Schichtung in gleicher Richtung. Die Störung fällt steiler als die Schichten ein, Schichtausfall im Riß und im Profil. Jüngeres in der Hangendscholle liegt neben Älterem in der Liegendscholle.

Antithetische Aufschiebung (Abb. 23 III):
Einfallen von Störung und Schichtung in entgegengesetzter Richtung, Schichtenverdoppelung im Profil, Schichtausfall im Riß. Älteres in der Hangendscholle liegt neben Jüngerem in der Liegendscholle.

Antithetische Abschiebung (Abb. 23 IV):
Einfallen von Störung und Schichtung in entgegengesetzter Richtung, Schichtenverdoppelung im Riß, Schichtausfall im

Profil. Jüngeres in der Hangendscholle liegt neben Älterem in der Liegendscholle.

Reihen sich mehrere parallel streichende Störungen der gleichen Art hintereinander an, so zeigen synthetische und antithetische Abschiebungen einen weiteren charakteristischen Unterschied. Bei der synthetischen Abschiebung summieren sich die einzelnen Seigerverwürfe, und es ergibt sich eine immer stärkere Versenkung der Schichtenfolge (Abb. 24 unten, s. vorhergehende Seite, und 21 Mitte). Es entsteht eine synthetische Schollentreppe.

Demgegenüber wird die Schichtenfolge an antithetischen Abschiebungen relativ immer wieder angehoben , sodaß die gleiche Schicht beiderseits der Störung etwa im gleichen Niveau verbleiben kann (Abb. 21, 24 oben).

3.3.2 Störung flacher oder steiler als das Schichteinfallen

Im vorhergehenden Kapitel wurde bei den synthetischen Störungen der Normalfall beschrieben, bei dem die Störung steiler einfällt als die Schichtung (Abb. 24). Nicht zu selten kommt es aber vor, u.a. wenn schiefe oder überkippte Falten von parallel streichenden Aufschiebungen geschnitten werden,daß die Schichtung steiler als die Störung einfällt. Hierbei ergeben sich im Riß und Profil unterschiedliche Bilder gegenüber den Fällen, bei denen die Störung steiler als die Schichtung einfällt. Auf Abb. 25 sind Fälle dargestellt, bei denen die Störung entweder steiler oder flacher einfällt als die Schichtung. In Profildarstellung lassen sich dabei folgende Bilder erkennen:

a. Synthetische Abschiebungen, Störungen fallen steiler als die Schichtung (schwarz) ein, beide aber in die gleiche Richtung (vergl. Abb. 23 II, 24 unten). Die Schicht wird dabei stärker versenkt.

b. Synthetische Aufschiebungen, Störungen fallen steiler als die Schichtung, beide aber in die gleiche Richtung ein (vergl. Abb. 23 I). Die bewegte (hangende) Scholle wird jeweils angehoben.

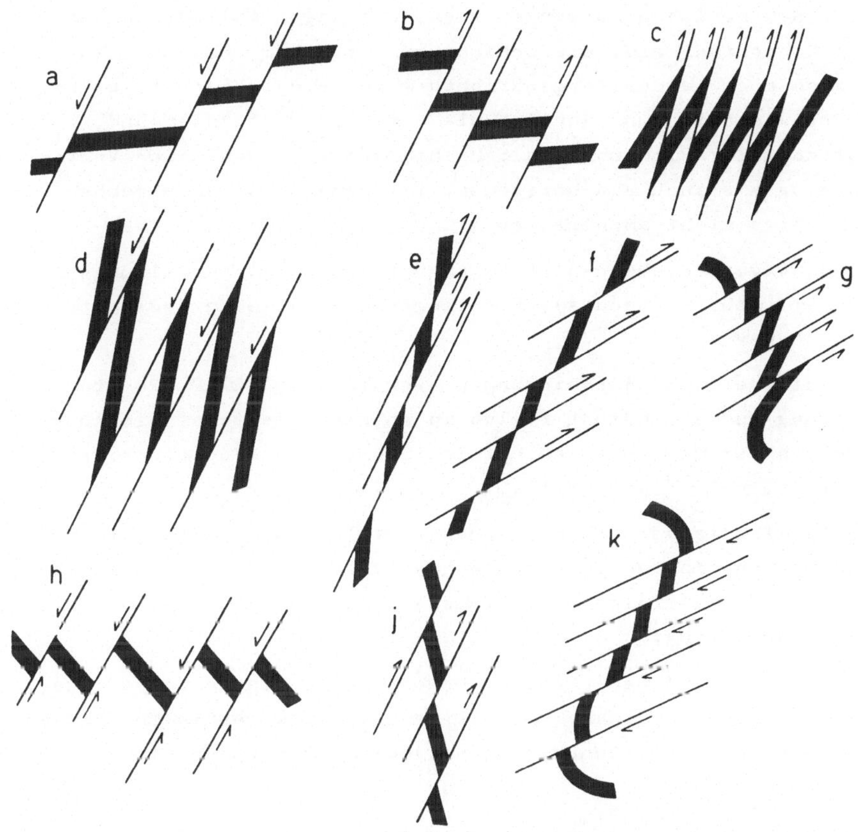

Abb. 25

Beziehungen zwischen Einfallen von Störungen und Schichtung. Darstellung im Profil. Pfeil zeigt die Richtung der bewegten Scholle an. Erläuterung im Text.

c. Synthetische Aufschiebungen, entsprechend b, nur mit steilerem Einfallen der Störungen und der Schicht. Es liegt eine Schuppenzone vor (vergl. Abb. 16).

d. Synthetische Abschiebungen, Störungen fallen flacher als die Schichtung ein, aber beide in die gleiche Richtung. Die Schicht wird jeweils wieder angehoben, sodaß sie querschlägig im gleichen Niveau liegen kann. Es erfolgt in vertikaler und horizontaler Richtung eine Schichtenverdoppelung.

e,f. Synthetische Aufschiebungen, Störungen fallen flacher als die Schichtung ein. Die Schicht wird stärker versenkt, zugleich aber in der Vergenzrichtung vorbewegt. Es erfolgt umgekehrt wie bei b und ähnlich wie bei a in vertikaler und horizontaler Richtung ein Schichtausfall. Sowohl eine Vertikalbohrung als auch ein horizontal liegender Stollen brauchen die Schichten nicht anzutreffen.

g. Untervorschiebungen ("Faltenabschiebung"), Ausweitungsstörung (vergl. Abb. 12 rechts). Die liegende Scholle an jeder Störung wird bewegt.

h. Antithetische Abschiebungen (vergl. Abb. 23 IV, 24 oben), Störung und Schichtung fallen in entgegengesetzter Richtung ein. In der Horizontalen erfolgt Schichtenverdoppelung, in der Vertikalen Schichtausfall.

i. Antithetische Aufschiebungen (vergl. Abb. 23 III), Störung und Schicht fallen in entgegengesetzter Richtung ein. In der Horizontalen erfolgt Schichtausfall, in der Vertikalen Schichtenverdoppelung.

k. Unterschiebungen ("Faltenverwerfung"), Einengungsstörung, (vergl. Abb. 12 links). Die Teile der Falte werden zum Hangenden und in der Faltungsrichtung jeweils vorbewegt (Abb. 25 f).

3.4 Bewegungsfläche und Störungsinhalt

Die Bewegung zweier Schollen entlang einer Störung hat gewöhnlich die Komponente der Normalkraft und den Reibungswiderstand zu überwinden. Dabei entsteht häufig eine geglättete Störungsfläche, die als Harnisch (engl. slickenside) bezeichnet wird. Bei einem blank polierten Harnisch spricht man von Spiegel oder Spiegelharnisch. Erze, z.B. Pyrit, weisen oft einen metallisch glänzenden Spiegel auf.

Auf den Harnischen treten fast immer Gleitstriemen, Rutschstreifen oder Rillen (engl. striation of movement, slickenlines) als Bewegungs-a-Lineare auf, die z.T. durch härtere mitbewegte Gesteinspartikel als Kratzer verursacht sind. Die Rutschstreifen liegen bei einer Auf- oder Abschiebung senkrecht zum Streichen, d.h. im Einfallen der Störung (engl. dip slip), bei einer Blattverschiebung horizontal (engl. strike slip), bei einer Schrägab- oder einer Schrägaufschiebung schräg zum Einfallen der Störung (engl. oblique slip) (Abb. 10 B, C, E, F in der Schraffierung). Manchmal liegen auf einer Störungsfläche mehrere Harnische übereinander, deren wechselhafte Striemung verschiedene Bewegungsrichtungen anzeigen kann.

Auf den Bewegungssinn kann häufig aus den Bewegungsspuren geschlossen werden, die als Unebenheiten auf der Störungsfläche vorhanden sind. Beim Abtasten mit der Hand machen sie sich gegen den Bewegungssinn stärker bemerkbar.

Auch die Schleppung (engl. drag) der Schichten an den Flanken der Störung gibt Hinweise auf den Bewegungssinn. Einige Beispiele werden in den Abb. 26 a und b gegeben. Bei der Schleppung erkennt man in erster Linie den lokalen Mechanismus an der Störung, ob es sich um Einengung oder Ausweitung handelt, sowie die relative Bewegungsrichtung. Daraus kann dann auf die Art der Störung geschlossen werden.

Manchmal ist die Störung durch einen scharfen Schnitt im Gebirge gekennzeichnet, an dem die beiden seitlichen Schollen abrupt aneinander stoßen. Gewöhnlich finden sich aber innerhalb der Störung bzw. der Störungszone tektonisch beanspruchtes Gestein oder Absätze aus zirkulierenden Wässern wie Quarz oder Kalkspat. Wird die Störungszone breiter, läßt sich meist eine liegende und eine hangende Randstörung deutlich gegen das Störungsgebirge zwischen ihnen abgrenzen.

Das Störungsgebirge bildet eine Ruschelzone, wie der Bergmann sagt, oft mit Störungsletten aus fein zermahlenem, weichem Gestein. In ihm finden sich Ganggerölle aus härterem Material, die tektonisch gerundet und von Harnischen bedeckt sind. In Erzgängen bestehen die Ganggerölle vielfach aus gestörten Erzstücken, die zerbrochen und erneut verbacken wurden, was für mehrfache tektonische Bewegungen während der Erzausscheidung spricht. Hartes Gestein ergibt bei tektonischer Beanspruchung eine Brekzie[8], worunter man "verfestigtes

8) Auch Breccie, Bresche, engl. breccia. Adj.: brekziös. Arten: tektonische, vulkanische, sedimentäre, Einsturz-Brekzie. Es kommt auf die eckigen, nicht gerundeten Bruchstücke an.

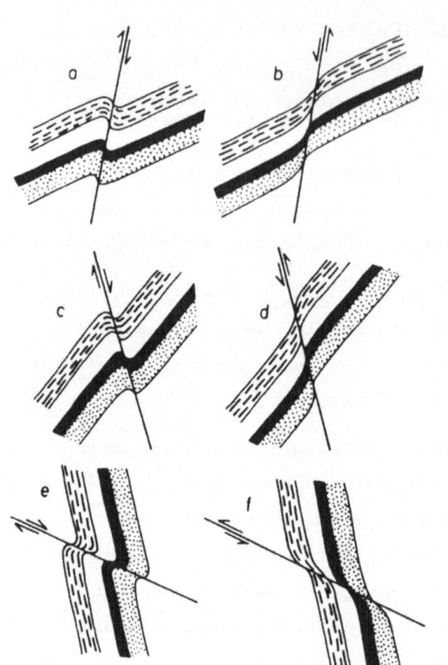

Abb. 26 a

Schleppung an Störungen (vergl. Fototafel 5). Linke Spalte (a,c,e): Schleppung der Schichten kennzeichnet Einengung, rechte Spalte (b,d,f):Schleppung kennzeichnet Ausweitung (Dehnung).

In der Darstellung als Profile:

a. Aufschiebung, synthetisch, steiler als Schichtung,
b. Abschiebung, synthetisch, flacher als Schichtung,
c. Abschiebung, antithetisch,
d. Aufschiebung, antithetisch,
e. Abschiebung flacher als Schichtung,
f. Überschiebung flacher als Schichtung.

In der Darstellung als Karten:

e. rechtshändige (dextrale) Horizontalverschiebung mit Einengungscharakter,
f. linkshändige (sinistrale) Horizontalverschiebung mit Dehnungscharakter.

Abb. 26 b

Schleppung der Schichtung, als Profil: an einer Aufschiebung (links) an einer Abschiebung (Mitte). Als Riß: an einer Blattverschiebung (Mitte), rechts: atektonisches Hakenschlagen an einem Hang (Profil).

Trümmergestein versteht, dessen Bruchstücke eckig-kantig ausgebildet sind" (MURAWSKI 1968/76).

Mylonite sind bis zum Feinkorn tektonisch zermahlene Gesteine, bei denen das ursprüngliche Gestein (z.B. Granitmylonit) noch zu erkennen ist (METZ 1967, MURAWSKI 1968/76). Mylonite finden sich häufig auf der Bahn von Deckenüberschiebungen. Ein Phyllonit ist ein Mylonit, der verschiefert ist und eine blättrige Textur hat (SANDER 1948, METZ 1967).

Wird die Störungszone breiter, bzw. sind die liegende und hangende Randstörung weiter auseinander gerückt, was häufig bei Ausweitungsstörungen zu beobachten ist, wird das Störungsgebirge weniger tektonisch beansprucht. Es lassen sich dann größere und kleinere Gesteinsschollen erkennen,die an zusätzlichen Begleitstörungen gegeneinander verworfen sind. Störungszonen mit Störungsgebirge können zehner und hunderte von Metern breit sein. Sie gehen schließlich in ein Schollengebirge, eine Schuppenzone oder in Staffelbrüche über.

4. Verschiebungsbeträge und Bezugswerte

4.1 Die Kreuzlinie

Als Kreuzlinie wird die Schnittkante zweier sich kreuzender Flächen bezeichnet (Abb. 27). Die beiden Flächen müssen, um eine Kreuzlinie miteinander bilden zu können, eine verschiedene Raumlage einnehmen, d.h. verschieden streichen und/oder einfallen. Bei den beiden Flächen kann es sich um eine Schichtfläche und eine Störung, um eine Störung und einen Gang oder um zwei Störungen u.a. handeln. Auch eine zutage ausstreichende Schichtfläche bildet mit der Erdoberfläche eine Kreuzlinie.

Meist liegt die Kreuzlinie auf irgendeine Weise schräg im Raum (Abb. 27). Sie ist söhlig, wenn die beiden Flächen parallel streichen (aber verschieden einfallen) oder wenn eine Fläche söhlig liegt. Sie steht seiger, wenn die beiden sich kreuzenden Flächen seiger stehen.

Von besonderer Wichtigkeit ist die Kreuzlinie für den Bergbau zur Konstruktion und Zeichnung von Profilen und Rissen und zur Ausrichtung von Störungen(Konstruktion einer Kreuzlinie s. Kap. 6.2.).

Wird eine Fläche durch eine andere verworfen, etwa ein Flöz durch eine Störung, ergeben sich zwei Kreuzlinien, eine liegende und eine hangende (Abb. 27). Beide laufen einander parallel, sind aber auch gegeneinander verworfen. Bei einer Abschiebung wird die hangende Kreuzlinie abwärts zum Liegenden hin verschoben. Bei einer Aufschiebung ist es umgekehrt (Abb. 27) (Aufgabe zur Kreuzlinie s. Kap. 6.2.4).

4.2 Die Bezugswerte zur Ermittlung der Verschiebungsbeträge

Die außerordentliche Mannigfaltigkeit an Störungen wird durch ihre verschiedenen und ihre gemeinsamen Merkmale beschrieben, wie Einengung, Ausweitung, Auf und Ab, Streichen und Einfallen u.a. Ein wichtiges gemeinsames Merkmal aller bruchhaften Störungen ist dabei der Verwurf (engl. displacement), d.h. die Verschiebung der durch die Störungen durchtrennten Schollen gegeneinander.

Die Verschiebungs- oder Verwurfsweite sind mithin ein wichtiges Charakteristikum aller bruchhaften Störungen im Gebirge. Zur Beschreibung der Verschiebungsbeträge bedient man sich gemeinsamer Bezugswerte (vergl. Abb. 28).

Im allgemeinen Fall wird der hangende Block über der Störungsfläche gegenüber dem liegenden Block (unter der Störungsfläche) entlang der Störungsfläche in irgendeiner Richtung um irgendeinen Längenbetrag verschoben. Die Länge, um die die Blöcke gegeneinander im allgemeinen Fall schräg verschoben sind, wird wahre Verschiebungsweite bzw. Schubweite (engl. net slip) genannt und abgekürzt[9] mit v bezeichnet.

Man kann nun diese wahre Verschiebungsweite geometrisch in verschiedene Richtungskomponenten zerlegen: Entlang der Störung liegt in Richtung des Störungsstreichens die horizontale Schubweite (engl. strike slip) h und in Richtung

[9] Die im folgenden angegebenen Kurzbezeichnungen stimmen mit denen in CTH 3 (ADLER et al. 1967) und dem Deutschen Handwörterbuch der Tektonik (s. MURAWSKI 1968/76) überein. Darüber hinaus werden sie aber in der Literatur nicht einheitlich angewandt (s. FALKE 1976 u.a.).

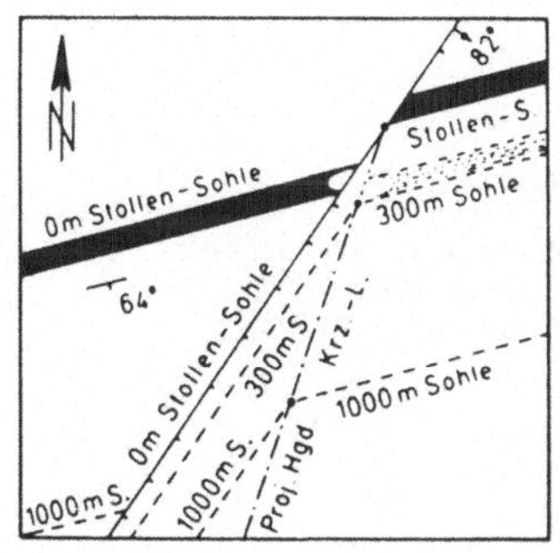

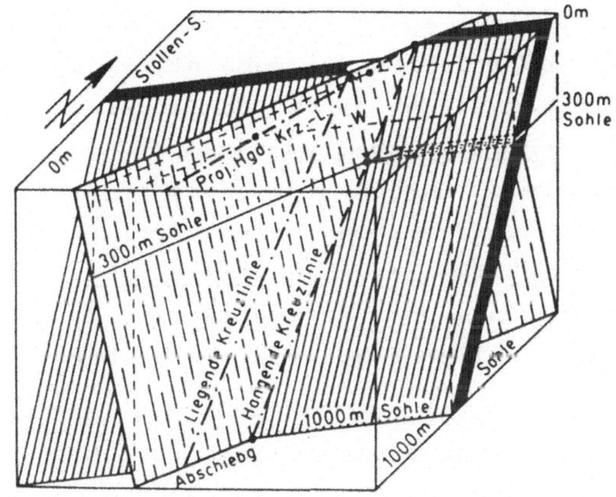

Abb. 27
Das Streichen der Kreuzlinie als Schnittkante zweier Flächen läßt sich aus der Projektion der Schnittpunkte (dicke Punkte), hier auf der 0-m-Stollensohle, 300 m-Sohle und 1000 m-Sohle ermitteln. Auf der Abbildung ist die (hangende) Kreuzlinie auf die Horizontale, den Riß der 0 m-Stollensohle projiziert. Bei einer Verwerfung gibt es zwei Kreuzlinien, eine liegende und eine hangende, die einander parallel laufen, aber gegeneinander verworfen sind. Auf der Abbildung handelt es sich um eine Abschiebung (weit und gestrichelt schraffiert) mit der flachen Abschiebungsweite w (s. Abb. 28). Der Seigerverwurf t beträgt 300 m (geteilte Konkretion, dargestellt als kleiner Kreis zwischen der 0 m-Stollensohle und der 300 m-Sohle). Die schwarze Schicht (Oberfläche eng schraffiert), etwa ein Kohlenflöz, ist gegen SE abgeschoben, sodaß die auf der 0 m-Stollensohle schwarz ausstreichende Partie des Flözes in der Liegendscholle der fein gestrichelten Partie in der Hangendscholle entspricht. Die als kleiner offener Kreis in die schwarze Schicht eingezeichnete Konkretion wurde zerschert und die an der Abschiebung um t = 300 m abwärts verworfene Hälfte erscheint nicht mehr im Riß der Stollensohle, sondern liegt auf der 300 m-Sohle, im Riß der Stollensohle (oben) als Projektion eingezeichnet.

Die liegende Kreuzlinie folgt der Schnittspur des Flözes an der Störung in der Liegendscholle. Die hangende Kreuzlinie folgt der Schnittspur des Flözes an der Störung in der Hangendscholle. Durch die Abschiebung ist das Ausstreichen des Flözes jeweils auf der gleichen Sohle in der Hangend- und Liegendscholle gegeneinander verschoben (vergl. Kap. 4.3), wodurch die beiden Kreuzlinien zwar parallel laufen, sich aber nicht mehr decken.

Abb. oben: maßstabsgetreuer Riß der Stollensohle; unten: Höhenmaßstabsgetreues Blockbild (Maßstab ergibt sich aus dem Abstand der 0 m-Stollensohle bis zur 300 m-und zur 1000 m-Sohle).

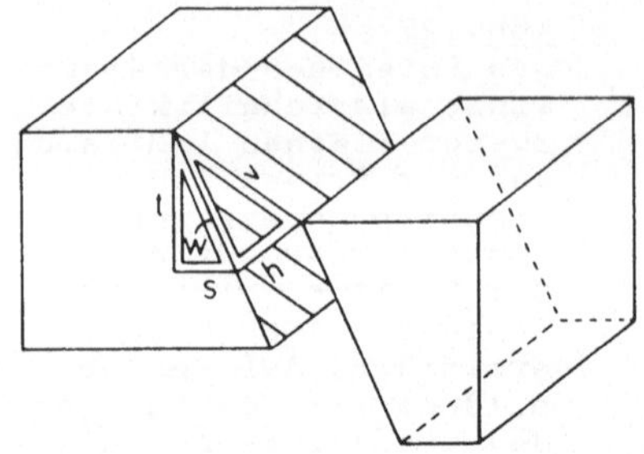

Abb. 28
Die Verschiebungskomponenten der Bewegung an einer Störung. Aus CTH 3, Abb. 32 (ADLER et al. 1967).

des Einfallens die Über- und Auf- bzw. Abschiebungsweite w (auch flache Verschiebungsweite oder Schubweite genannt, engl. dip slip). Querschlägig zur Störung liegen die beiden anderen Komponenten, vertikal die seigere Verwurfsweite t (bei Abschiebungen häufiger als seigere Sprunghöhe oder Seigerverwurf, bei Aufschiebungen als seigere Schubhöhe bezeichnet, engl. throw) und horizontal die söhlige Verschiebungsweite s (bei Abschiebungen als söhlige Sprung- oder Verwurfsweite, bei Auf- und Überschiebungen als söhlige Schubweite bezeichnet, engl. heave).

Geometrisch bestehen also folgende Zusammenhänge (s. Abb. 28):

$$v = \sqrt{w^2 + h^2} \quad \text{und} \quad w = \sqrt{t^2 + s^2}$$

Daraus läßt sich folgern:

(1) wenn $h = 0$, dann $v = w$,
d.h. aber, daß es keine Horizontalkomponente h gibt, und der wahre Verschiebungsbetrag gleich der flachen Verschiebungsweite w ist, d.h., daß eine reine Auf-, Über- oder Abschiebung vorliegt.

(2) wenn $w = 0$, dann $v = h$,
d.h., daß es keine Auf- oder Abkomponente w gibt,und der wahre Verschiebungsbetrag gleich dem horizontalen Verschiebungsbetrag ist, d.h. aber, daß eine reine Horizontalverschiebung vorliegt.

(3) wenn $s = 0$, dann $w = t$,
d.h., die Störung steht seiger (als Auf- oder Abschiebung nicht definiert).

(4) wenn t = 0, dann w = s,
d.h., die Störung liegt söhlig (z.B. bei Decken).

Tabelle 1 zeigt diese Zusammenhänge in Übersicht.

Tab. 1

	auf der Störungsfläche		querschlägig zur Störungsfläche			Anmerkung
	v	h	w	s	t	
allgemeine Störung	+	+	+	+	+	wahre Schrägversch.
Abschiebung	= w	0	+	+	+	v wird zu w
Auf- und Überschiebung	= w	0	+	+	+	v wird zu w
Seitenverschiebung	= h	+	0	0	0	v wird zu h
seigere Störung	+ od. 0	+ od. 0	- t	0	+	w wird zu t
söhlige Störung	./.	./.	= s	+	0	w wird zu s

+ = ein Betrag ist vorhanden; 0 = Betrag ist null; ./. = Betrag ist undefiniert.

Nicht immer ist der Geologe in der Lage, alle zur Berechnung notwendigen Verschiebungsbeträge zu messen. Er muß sich dann mit Winkelbeziehungen zu helfen wissen. Einfalls- und Abtauchwinkel sind oft leichter zu messen. Sie dienen dann der Längenberechnung mittels einfacher trigonometrischer Funktionen, da die Verschiebungsbeträge nicht nur untereinander in enger Wechselbeziehung stehen, sondern auch vom Streichen und Einfallen der Schichten und Störung bzw. vom Streichen und Abtauchen der Bewegungslineare abhängen.

Wenn, wie in Abb. 29,

φ = Streichwinkel (Azimuth) von Schichten und Störung (engl. strike, trend)

α = Einfallswinkel (Polhöhe) der Schichten (engl. dip),

ω = Einfallswinkel (Polhöhe) der Störung (engl. dip),

ϑ = Abtauchwinkel der Bewegungslineare gemessen auf der Störungsfläche (engl. pitch)

und einige Verschiebungsbeträge bekannt sind, dann lassen sich die übrigen Verschiebungsbeträge berechnen. Unter anderem sind dann z.B.:

$$t = w \cdot \sin\omega \text{ und } s = w \cdot \cos\omega \text{ und}$$
$$w = v \sin\vartheta \text{ und } h = v \cos\vartheta .$$

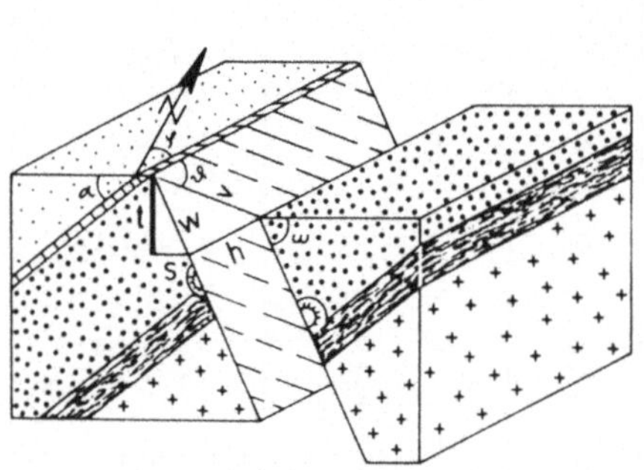

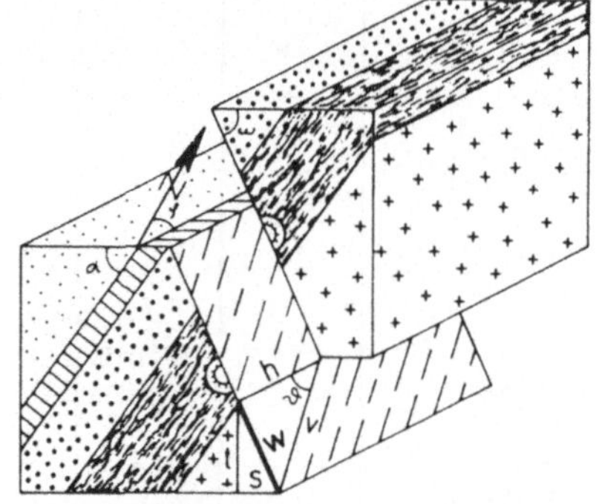

Abb. 29
Verschiebungskomponenten und Winkelbeziehungen an einer sinistralen Schrägabschiebung (links) und an einer sinistralen Schrägaufschiebung (rechts). Der ursprüngliche Schichtverband (Zusammenhang der Schichtenfolge) und die Verschiebungsweite und -richtung werden durch das von der Störung zerscherte Fossil (markierter Kreis im Hangenden der dicht gestrichelten Schicht links und innerhalb der dicht gestrichelten Schicht rechts) abgebildet.

Die oben genannten Bezeichnungen für die Verschiebungsbeträge haben im Sprachgebrauch unterschiedlich starke Bedeutung. So wird z.B. für Abschiebung bevorzugt der Seigerverwurf (seigere Sprunghöhe) t angegeben, bei der Auf- und Überschiebung dagegen die flache Schubweite w, die das Maß der Förderweite besser charakterisiert. Flache und weitreichende Überschiebungen oder Decken weisen meist einen geringen Seigerverwurf t, aber eine bedeutende Schubweite w aus. Für Seitenverschiebungen und Schrägverschiebungen mit großer Horizontalkomponente ist die horizontale Schubweite h die maßgebliche Größe, da t, w und s null oder sehr klein sind und über die horizontalen Transportweiten wenig aussagen.

4.3 Der scheinbare Verschiebungsbetrag in der Horizontalen

Bei der Ab- und Aufschiebung ergibt sich der Verschiebungsbetrag aus den Bezugswerten w, d.h. der flachen Verschiebungsweite auf der Störungsfläche, oder t, dem Seigerverwurf (Abb. 28 und 29). Beide Werte liegen im senkrechten Querprofil zur Störung, wobei w den wahren und t die vertikale Komponente des Verschiebungsbetrages angibt.

Bei der Blattverschiebung gibt es lediglich einen horizontalen Verschiebungswert h. Dieser ist auch der wahre Verschiebungsbetrag. Bei der Schrägab- oder Schrägaufschiebung ist v der wahre Verschiebungswert, der in seiner Richtung zwischen dem auf der Störung abwärts oder aufwärts gerichteten w und dem horzontalen Verschiebungswert h liegt (Abb. 29).

Neben dem wahren aufwärts oder abwärts gerichteten Verschiebungswert gibt es bei der Auf-, Ab- und Schrägverschiebung einen scheinbaren Verschiebungsbetrag sh. Er bildet sich im Riß durch einen Versatz der Schichten von der liegenden zur hangenden Scholle ab (Abb. 32). Der scheinbare Verschiebungsbetrag sh wird um so kleiner, je kleiner der Winkel zwischen dem Verschiebungslinear, d.h. der wahren Bewegungsrichtung, und der Kreuzlinie, gebildet von Störung und Schicht, wird. sh wird Null, wenn das Bewegungslinear parallel zur Kreuzlinie verläuft, d.h.,die Bewegung in Richtung der Kreuzlinie stattfindet (Abb. 30 und 33). Durch den scheinbaren Verschiebungsbetrag sh wird eine horizontale Komponente an einer Störung vorgetäuscht, die es in Wirklichkeit gar nicht gibt. Für die Charakterisierung einer Auf- und Abschiebung sind damit nicht nur der vertikale Verwerfungsbetrag w bzw. t (vergl. Abb. 28), sondern auch der (scheinbare) horizontale Verschiebungsbetrag sh (Abb. 32) notwendig.

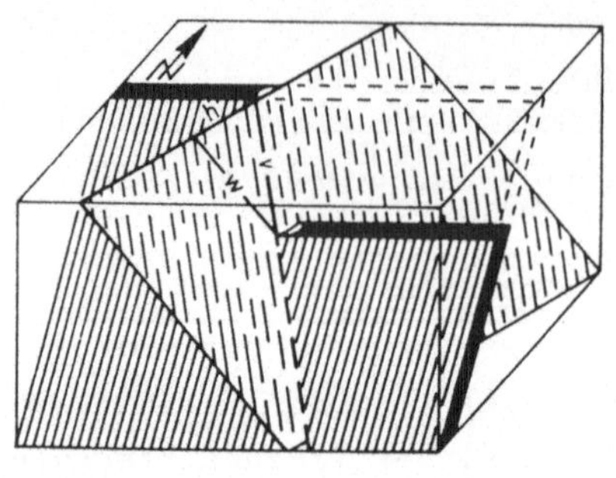

Abb. 30
Rechtshändige Schrägabschiebung mit geringem h-Betrag und Paralletität der Kreuzlinie mit den Bewegungslinearen. Obwohl die Schicht (schwarz, im hangenden Block gestrichelt nach oben fortgesetzt) um den wahren Verschiebungsbetrag v bewegt worden ist (s. die durchtrennte und versetzte Konkretion = kleiner Kreis im Schwarzen), erscheint sie im Riß ungestört. Denn sh ist durch h wieder aufgehoben und daher gleich Null.

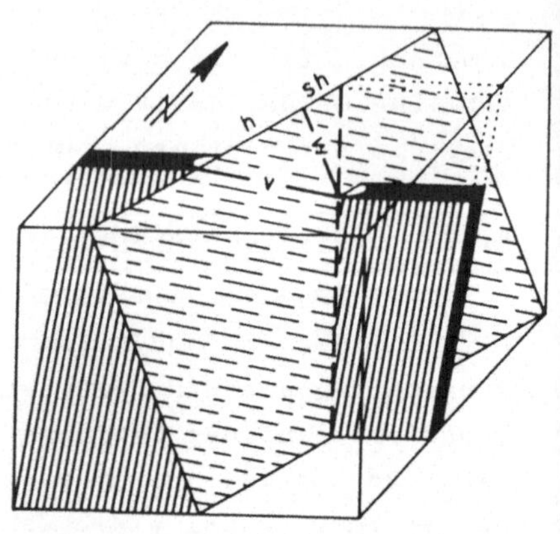

Abb. 31
Linkshändige Schrägabschiebung mit großem h-Betrag. Kreuzlinie und Bewegungslineare verlaufen antithetisch. Die Schicht (schwarz) erscheint im Riß weiter nach N versetzt (scheinbarer Verschiebungsbetrag, s. Kap. 4.3) als die horizontale Verschiebungsweite h, weil h und sh sich summieren

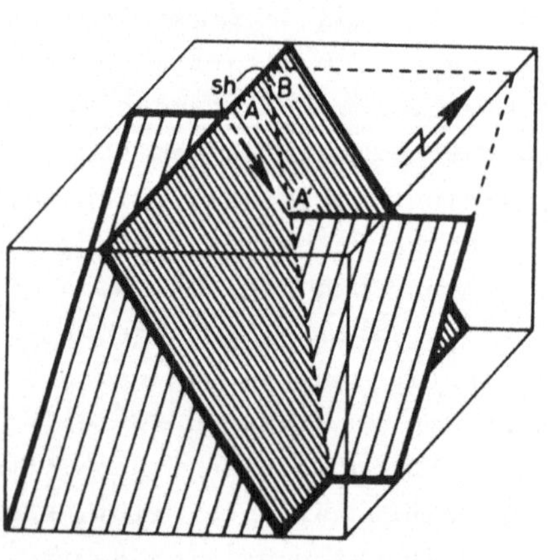

Abb. 32
Die scheinbare Verschiebung sh in der Horizontalen bei einer Abschiebung. Die wahre Verschiebung verlief auf der Störung <u>nur</u> abwärts, h = 0, v = w. sh vergl. Fototafel 2, Bild 3 und 4.

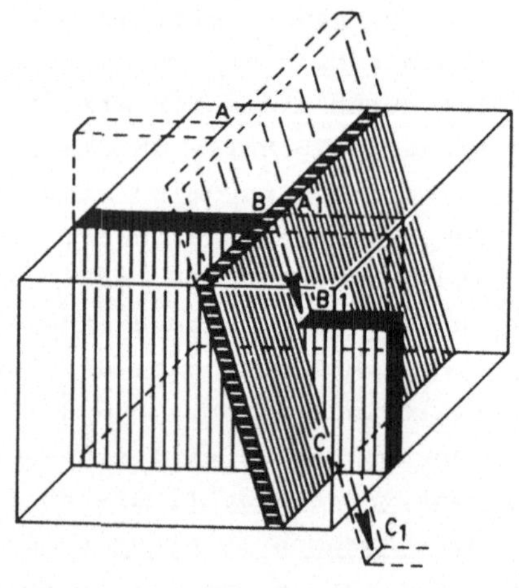

Abb. 33
Weil bei Seigerstellung der durch Auf-, Über- und Abschiebung verworfenen Schicht die Bewegungslineare (Verschiebungsrichtung) parallel zur Kreuzlinie zwischen Schicht und Störung liegen, ist sh = 0, h = 0, v = w.

In Abb. 32 wird eine Schicht (weit schraffiert) durch eine Störung (eng schraffiert) nach Osten verworfen. Die Abschiebungsrichtung ist durch die engangelegte Schraffur und den Pfeil gekennzeichnet. Es handelt sich um eine Abschiebung ohne jede horizontale Komponente (h = 0, v = w). Dennoch erscheint die abgesunkene Schicht in der hangenden Scholle, wenn ihre Fortsetzung nach oben auf das gleiche Niveau mit der stehengebliebenen Schicht in der liegenden Scholle gebracht wird (gestrichelte Linie auf Abb. 32), in der Horizontalen längs der Störung gegen diese nach Norden versetzt (sh auf Abb. 32).

Der scheinbare Verschiebungswert sh ist einerseits vom wahren Verschiebungswert v oder w, d.h. von dem Betrag und der Richtung der Bewegung <u>und</u> andererseits vom Einfallswinkel der Schicht abhängig. Der Einfallswinkel der Störung spielt dagegen keine Rolle. Je flacher die Schicht einfällt, umso größer ist, bei gleichbleibendem Verwerfungsbetrag, die scheinbare Verschiebung sh (Abb. 34, im Riß rechts), da ja der Winkel zwischen dem Verschiebungslinear und der Kreuzlinie größer ist. Wird der Einfallswinkel der Schicht steiler, verringert sich der Betrag sh (Abb. 34, Riß in der Mitte), da ja der Winkel zwischen Verschiebungslinear und Kreuzlinie sich verringert. Steht die Schicht seiger, so wird die scheinbare Verschiebung sh gleich null (Abb. 33 und 34, Riß ganz links), da ja Verschiebungslinear und Kreuzlinie parallel verlaufen.

In welche <u>Richtung die</u> scheinbare Verschiebung sh erfolgt, hängt von der Richtung der Bewegung, d.h. von der Art der Störung ab. Bei der <u>Abschiebung</u> geht die scheinbare Verschiebung der hangenden, abgesunkenen (nach unten bewegten) Scholle <u>gegen</u> das Einfallen der Schicht (Abb. 35 a und 36 a). Bei der <u>Aufschiebung</u> wird die hangende (nach oben bewegte) Scholle gehoben. Daher geht die scheinbare Verschiebung <u>mit</u> dem Einfallen der Schicht (Abb. 35 b und 36 b). Im erstgenannten Fall tritt scheinbar eine linkshändige, im zweiten Fall scheinbar eine rechtshändige Verwerfung auf. Das gleiche Prinzip der Verschiebungsrichtung gegen oder mit dem Einfallen der Schicht gilt für die Lage der Kreuzlinie und muß bei deren Konstruktion berücksichtigt werden (Abb. 27). Bei der geologischen Kartierung

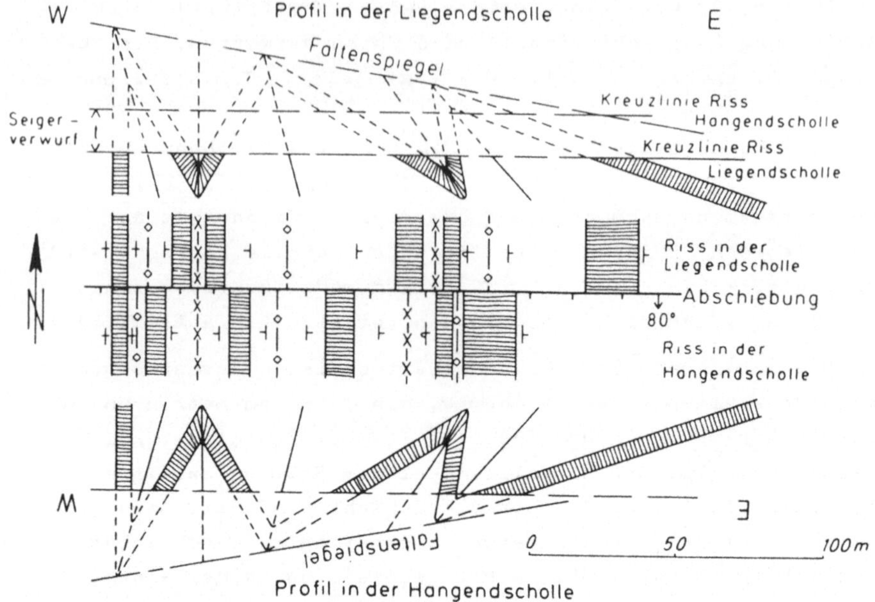

Abb. 34
Eine Faltenstruktur wird durch eine Abschiebung nach S verworfen. Oben: Profil durch die liegende, unten durch die hangende Scholle. In der Mitte der Riß. Erläuterungen zu den unterschiedlichen scheinbaren Verschiebungen s. im Text.

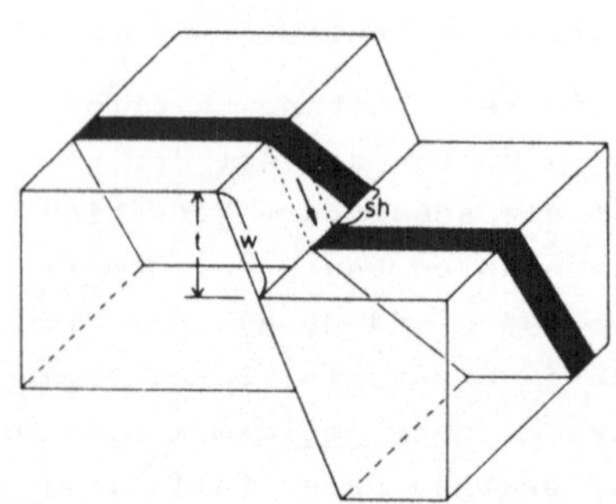

Abb. 35 a
Bei der Abschiebung erscheint die Schicht in der hangenden Scholle gegen das Schichteinfallen verschoben (h = 0, v = w).

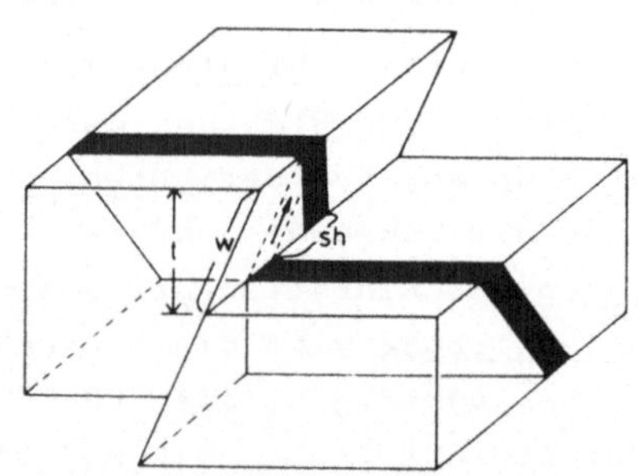

Abb. 35 b
Bei der Aufschiebung erscheint sie mit dem Einfallen der Schicht verworfen (h = 0, v = w).

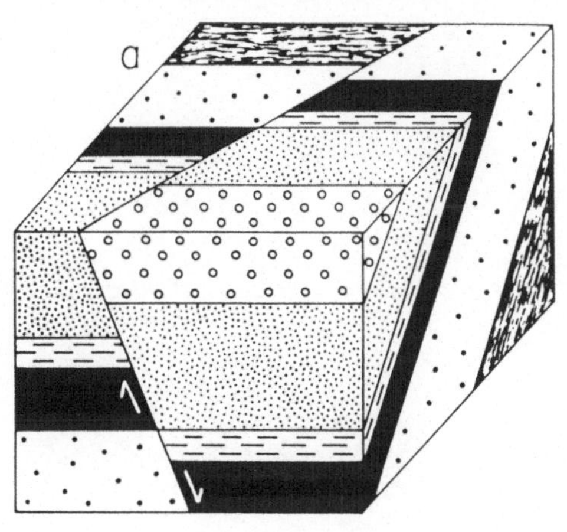

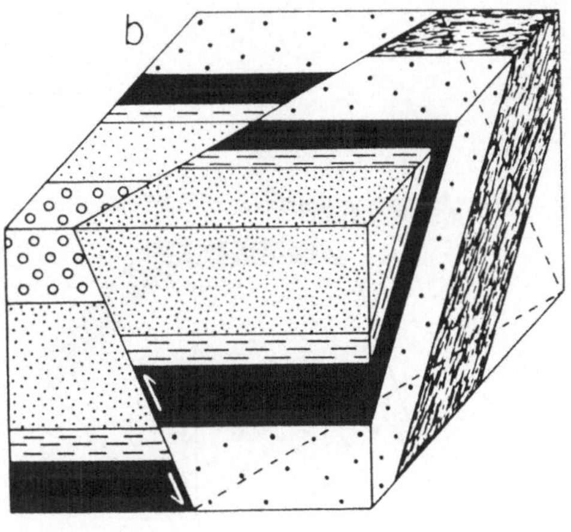

Abb. 36 a
Abschiebung fast querschlägig zum Streichen der Schichtung. Scheinbare Verschiebung gegen das Einfallen der Schichten. (vergl. Abb. 35 a).

Abb. 36 b
Aufschiebung fast querschlägig zum Streichen der Schichtung. Scheinbare Verschiebung mit dem Einfallen der Schichten (vergl. Abb. 35 a).

im Gelände läßt sich aus der scheinbaren Verschiebung an einer Schicht, sofern deren Einfallen und die Einfallsrichtung der Störung bekannt sind und h = 0, v = w, d.h. eine horizontale Bewegungskomponente ausgeschlossen werden kann, die Art der Störung ermitteln (Abb. 37,38,39, Fototafel 2).

Ist die wahre Verschiebung schräg gerichtet, so tritt zu der vertikalen Komponente eine horizontale hinzu und die im Riß erscheinende seitliche Verschiebung entlang der Störung wird zu h + sh oder h - sh (Abb. 30 und 31). Sie kann dabei entgegengesetzt zur Richtung verlaufen, wie sie nach dem Einfallen der Störung und Schicht zu fordern wäre. Abgesehen von einigen Sonderfällen können scheinbare Verschiebungen in allen Karten- und Rißdarstellungen zur Abbildung kommen, wie z.B. bei Abb. 36 a und b im Grundriß und im Aufriß (Profil). Im vorliegenden Kapitel wurde jedoch die scheinbare Verschiebung sh für den Grundriß und nur für solche Fälle beschrieben, in denen die Störung einerseits querschlägig zur Schichtung verläuft und andererseits die Schichten flacher einfallen als die Störung. In anderen Fällen ergeben sich, wie gesagt, abweichende Bilder, von denen einige auf den Abb. 38 und 39 zu sehen sind.

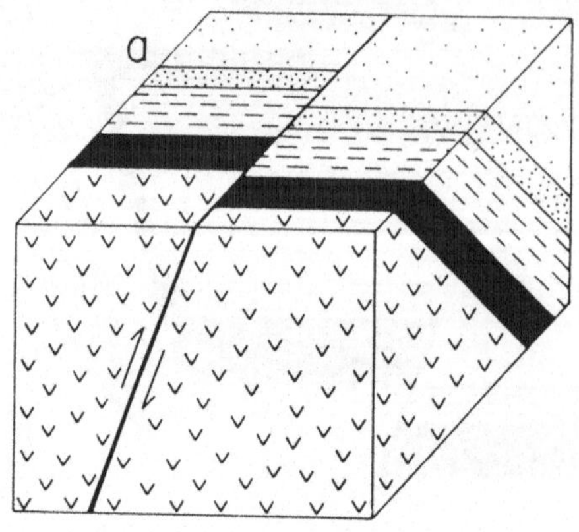

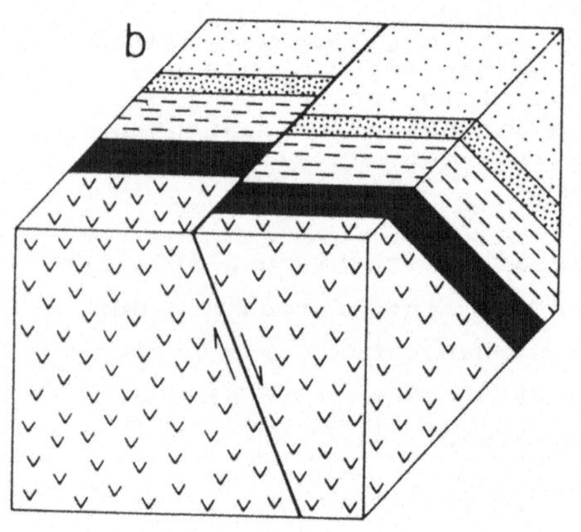

Abb. 37
Drei verschiedenartige Störungen streichen querschlägig zur Schichtung. Sie versetzen ein gleichartig einfallendes Schichtpaket. Alle drei Störungen weisen die gleiche seitliche Verschiebung auf, bei a und b die scheinbare sh, bei c als Seitenverschiebung die wahre Verschiebung h.

a. Aufschiebung, Einfallen der Störung nach links,
b. Abschiebung, Einfallen der Störung nach rechts,
c. Rechtshändige Blattverschiebung, linke Scholle relativ nach hinten verschoben.

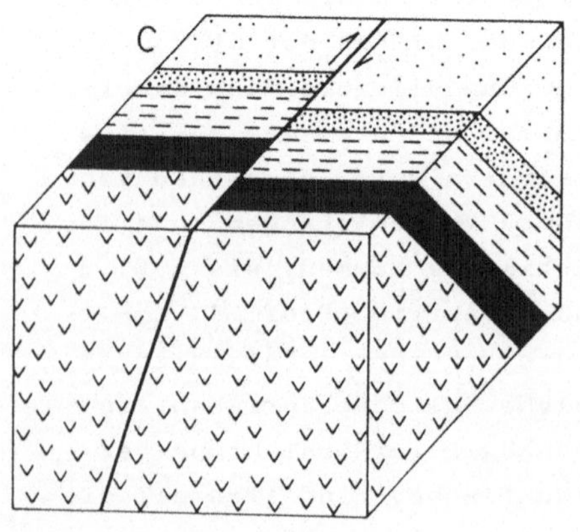

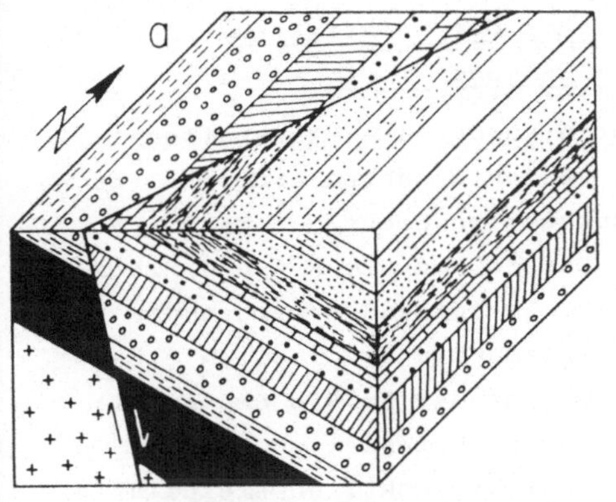

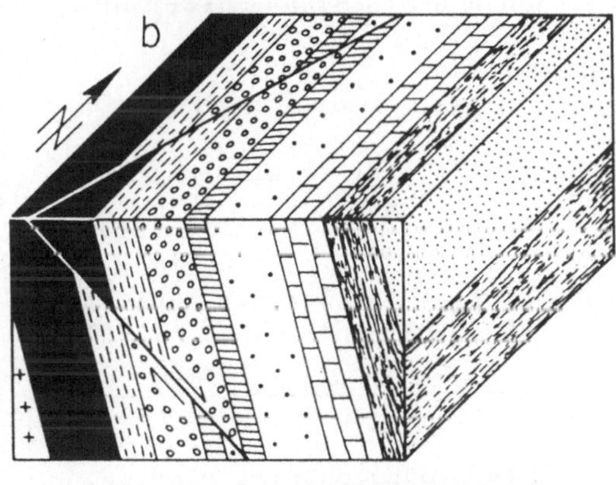

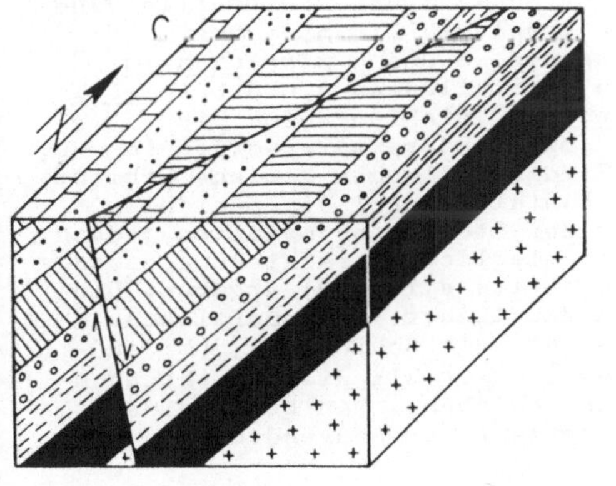

Abb. 38

Schräg zum Streichen der Schichtung verlaufende Störungen:
a. synthetische Abschiebung, Störung fällt steiler als die Schichtung ein, im Grundriß scheinbare Verschiebung der Hangendscholle gegen das Einfallen der Schichten, d.h. nach SW, Schichtenausfall.
b. synthetische Abschiebung, Störung fällt flacher als die Schichtung ein, im Grundriß scheinbare Verschiebung der Hangendscholle mit dem Einfallen der Schichten, d.h. nach NE, Schichtenverdoppelung.
c. Antithetische Abschiebung, im Grundriß scheinbare Verschiebung der Hangendscholle gegen das Einfallen der Schichten, Schichtenverdoppelung.

5. Zusammenfassende Darstellung der wichtigsten bruchhaften Störungen im Riß und Profil

In den vorhergehenden Kapiteln wurden die bruchhaften Störungen nach unterschiedlichen Gesichtspunkten erörtert. Es ließ sich erkennen, daß jeder Störungstyp nicht nur nach Art und Anlage, sondern auch bei der Darstellung im Riß und Profil sein charakteristisches Bild zeigt. Im folgenden werden die wichtigsten bzw. am häufigsten vorkommenden bruchhaften Störungen noch einmal zusammenfassend einander im Riß und Profil gegenübergestellt, um sie von einander abgrenzen zu können. Geordnet werden sie dabei nach dem Gesichtspunkt, ob sie parallel, querschlägig oder schräg zum Streichen der Schichten verlaufen.

5.1 Störung und Schichtung parallel

5.1.1 Einengungsstörungen

Synthetische Aufschiebung, Störung fällt steiler als Schichtung ein, Erläuterung s. S. 22 und 38, Abbildung: Schema: 10 D, 11 A, 19, 23 I, 25 b und c, 26 a, 35 b, Beispiel: 13, 16, Fototafel 4/7.

Synthetische Überschiebung, Störung fällt steiler als Schichtung ein, Erläuterung s. S. 22, Abbildung: Schema: 11 B, 23 I, Beispiel: 14.

Abb. 39 (zu 5.3)

Oben: drei Darstellungen im Riß, unten: dazugehörige Profile. Die Störungen streichen schräg zur Schichtung. Die Profile sind querschlägig durch die Störungen angelegt. Die Störungen und Schichten in den drei Darstellungen a, b und c streichen in gleicher Richtung, fallen in den Darstellungen a und b in gleiche Richtung, in c in unterschiedliche Richtung ein. Die Schichten werden somit auf- und abwärts derart verworfen (h = 0, v = w), daß sich in allen drei Rißdarstellungen gleiche Schicht- und Störungslagen abbilden. Die Einfallswinkel der Schichten sowie die Einfallswinkel und Art der Störungen variieren jedoch von Riß zu Riß, sodaß sich unterschiedliche Verschiebungsbeträge (s. z.B. die söhlige Verschiebungsweite s im Riß) ergeben. Die Profildarstellung zeigt das noch deutlicher: (a) südfallende, synthetische Aufschiebung flacher als die Schichtung, (b) südfallende synthetische Abschiebung steiler als die Schichtung, (c) nordfallende antithetische Aufschiebung. Man beachte den grundsätzlich unterschiedlichen Verlauf der hangenden und liegenden Kreuzlinie.

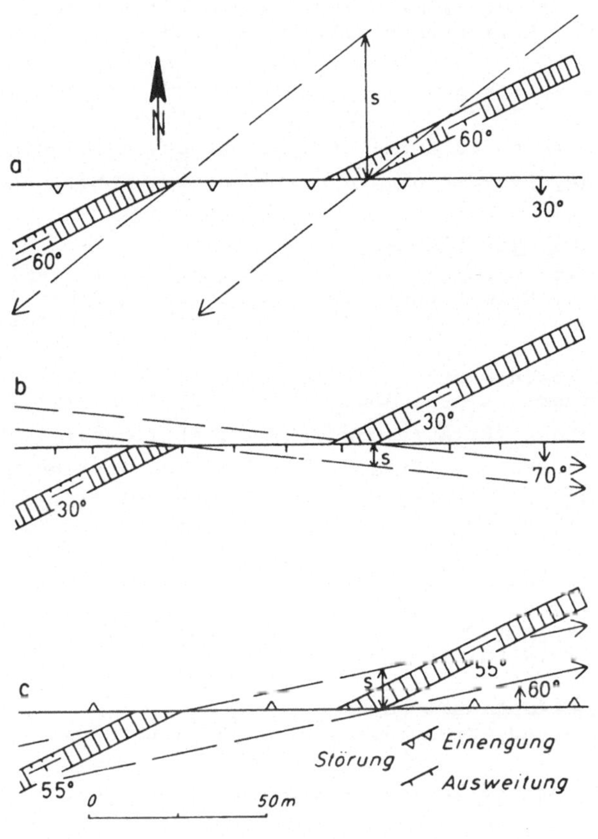
N
a
s
60°
30°
60°
b
30°
s
70°
30°
c
s
55°
60°
Störung
Einengung
Ausweitung
55°
0
50m

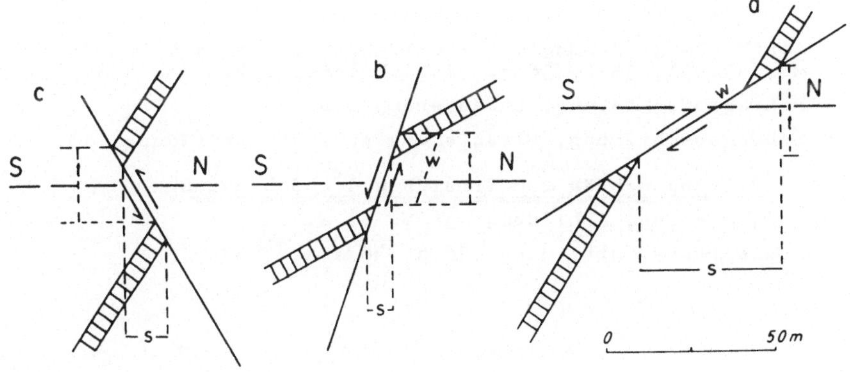
c
S
N
s
b
S
N
w
s
a
S
w
N
s
0
50m

Synthetische Auf-/Überschiebung, Störung fällt flacher als Schichtung ein, Erläuterung s.S. 40, Abbildung: 25 e und f, 26 f, 39 a.

Antithetische Aufschiebung, Erläuterung s.S. 37, Abbildung: 23 III, 25 i, 26 d, 39 c.

Mitgefalteter Wechsel, Erläuterung s. S. 24, Abbildung: 15.

Unterschiebung, Erläuterung s. S. 24 und 40, Abbildung: 12, 25 k.

5.1.2 Ausweitungsstörungen

Synthetische Abschiebung (Sprung), Störung fällt steiler als Schichtung ein, Erläuterung s.S. 37, Abbildung:Schema: 10 A, 23 II, 24, 25 a, 26 b, 38 a, 39 b, Beispiel: 22, Fototafel 1/2, 4/8 und 5/9.

Synthetische Abschiebung, Störung fällt flacher als Schichtung ein, Erläuterung s.S. 39, Abbildung: 25 d, 26 a Nr. e.

Untervorschiebung, Erläuterung s.S. 40, Abbildung: 11 C, 12, 25 g.

Synsedimentäre Störung, Erläuterung s.S. 18, Abbildung: 8.

Antithetische Abschiebung, Erläuterung s.S. 35, Abbildung: Schema: 19, 21, 23 IV, 24, 25 h, 26 c, Fototafel 3/5.

5.1.3 Seitenverschiebungen

Horizontale Verschiebung, Blattverschiebung, rechtshändig, linkshändig, Erläuterung s.S. 32, Abbildung: 10 G,H,I, 26 a Nr. e und f, 26 b (Mitte), 37 c.

5.1.4 Schräge Verschiebungen

Schrägaufschiebung, Erläuterung s.S. 34, Abbildung: 10 E,F, 29 rechts.

Schrägabschiebung, Erläuterung s.S. 34, Abbildung: 10 B,C, 29, 30, 34 links.

5.2 Störung querschlägig zum Streichen der Schichtung

5.2.1 Aufschiebung, Erläuterung s.S. 51, Abbildung: 35 b, 36 b, 37 a, Fototafel 4/7.

5.2.2 Abschiebung (Sprung), Erläuterung s.S. 51, Abbildung: 32, 33, 34, 35 a, 36 a, 37 b, Fototafel 2/3 und 4/8.

5.2.3 Schrägaufschiebung, Erläuterung s.S. 34

5.2.4 Schrägabschiebung, Erläuterung s.S. 34, Abbildung: 30,31.

5.3 Störung schräg zum Streichen der Schichtung

5.3.1 Aufschiebung, Abbildung: 36 b, 39 a, c.

5.3.2 Abschiebung, Abbildung: 36 a, 38 a,b,c, 39 b.

6. Übungsaufgaben

6.1 Einführende Übungen (ohne Konstruktionen, zur Schulung des räumlichen Vorstellungsvermögens)

6.1.1 Störungen streichen senkrecht zur Schichtung, Darstellung im Riß. Es soll die Art der Störung und gegebenenfalls der verworfenen Struktur ermittelt werden (s.S. 60).

Lösungen:

1. Abschiebung, westfallend, Schicht steht seiger.
2. Abschiebung oder Aufschiebung, seiger stehend, Schicht steht seiger.
3. Seitenverschiebung, rechtshändig, Schicht steht seiger.
4. Aufschiebung oder Blattverschiebung, linkshändig.
5. Abschiebung gegen W, Schicht mittelsteil gegen N einfallend.
6. Blattverschiebung, linkshändig, Schicht seiger.
7. Gleichschenkliger Sattel, Abschiebung westfallend.
8. Gleichschenkliger Sattel, Blattverschiebung, rechtshändig.
9. Nordvergenter Sattel, Abschiebung westfallend.
10. Nordvergenter Sattel, Blattverschiebung, linkshändig.
11. Nordvergenter, überkippter Sattel, Abschiebung ostfallend.
12. Gleichschenklige Mulde, Abschiebung ostfallend.
13. Nordvergente Mulde, Abschiebung ostfallend.
14. Gegen N überkippte Mulde, flach nach S einfallender Nordflügel, Abschiebung westfallend.
15. Nordvergente Mulde, Blattverschiebung, rechtshändig.
16. Gegen N überkippter Sattel, Abschiebung gegen W, auf der Westseite verschieben sich beide Schichten und die Sattelachsenebene scheinbar gegen N (vergl. sh auf Abb. 32).
17. Abschiebung nach W. In der hangenden Scholle sind eine Mulde und ein Sattel von der Erosion erhalten geblieben. Im Sattelkern streicht die Schicht breit aus. In der liegenden Scholle liegt die schwarze Schicht außer an der Südflanke des Sattels im Erosionsniveau.
18. Von N nach S: isoklinale Mulde, isoklinaler Sattel, Mulde mit steilerer Nord- und flacherer Südflanke. In der hangenden Scholle östlich der Abschiebung geht die scheinbare Verschiebung sh (vergl. Abb. 32) der drei nördlichen Schichtausstriche und der beiden nördlich liegenden Achsenebenen gegen N. Demgegenüber ist sh an der südlichen Achsenebene und dem südlichsten Schichtausstrich gegen S gerichtet.
19. Eine gleichschenklige Mulde in einem tektonischen Horst.
20. Eine gleichschenklige Mulde in einem Graben.

6.1.2 Störungen streichen querschlägig (senkrecht) oder schräg zum Schichtstreichen. Darstellung im Riß. Es soll die Richtung der scheinbaren Verschiebung sh (vergl. Abb. 32) in der jeweiligen Ostscholle angegeben werden.

6.1.3 Abtauchende Faltenstrukturen werden jeweils querschlägig von einer Störung geschnitten. Darstellung im Riß. Es soll die Einfallsrichtung der Störung ermittelt werden.

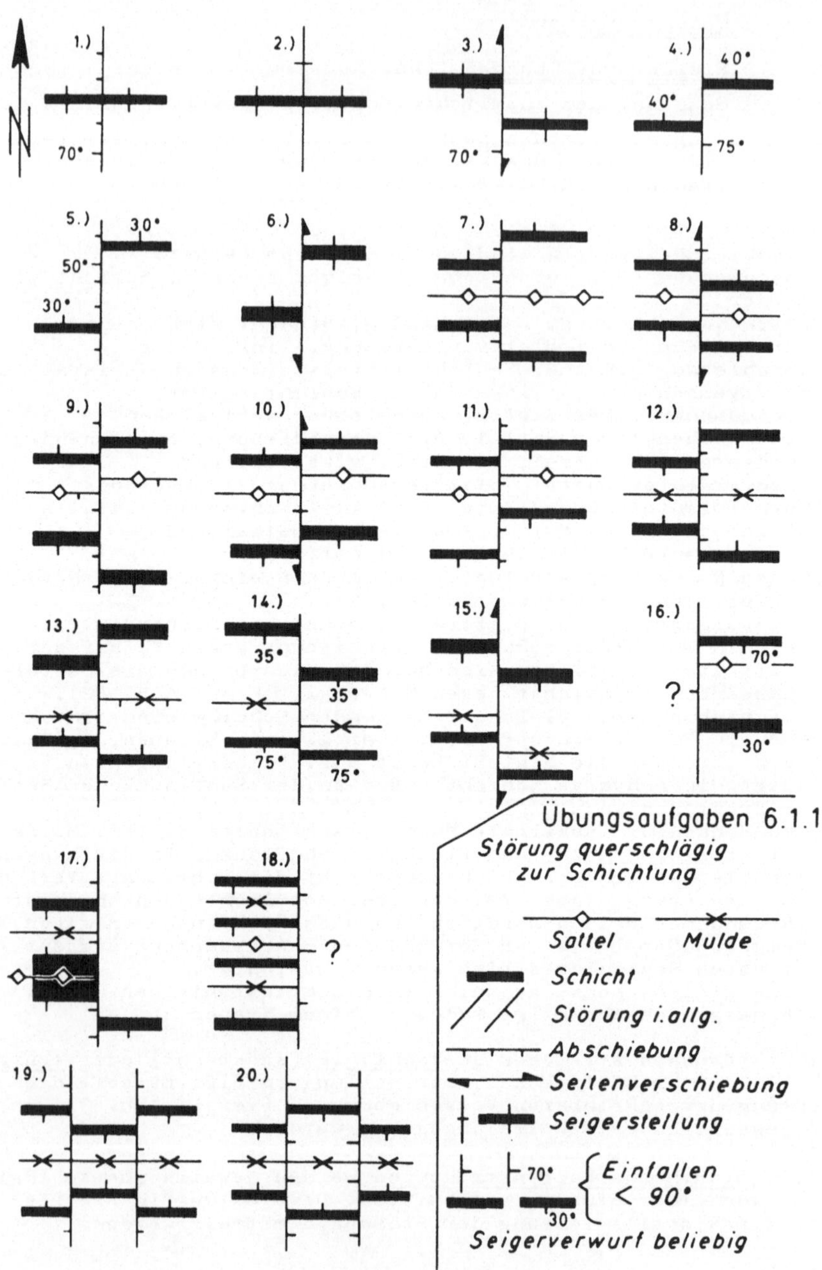
1.)
70°
2.)
3.)
70°
4.)
40°
40°
75°
5.)
30°
50°
30°
6.)
7.)
8.)
9.)
10.)
11.)
12.)
13.)
14.)
35°
35°
75°
75°
15.)
16.)
70°
?
30°
17.)
18.)
?
19.)
20.)
Übungsaufgaben 6.1.1
Störung querschlägig zur Schichtung
Sattel
Mulde
Schicht
Störung i. allg.
Abschiebung
Seitenverschiebung
Seigerstellung
70°
30°
Einfallen < 90°
Seigerverwurf beliebig

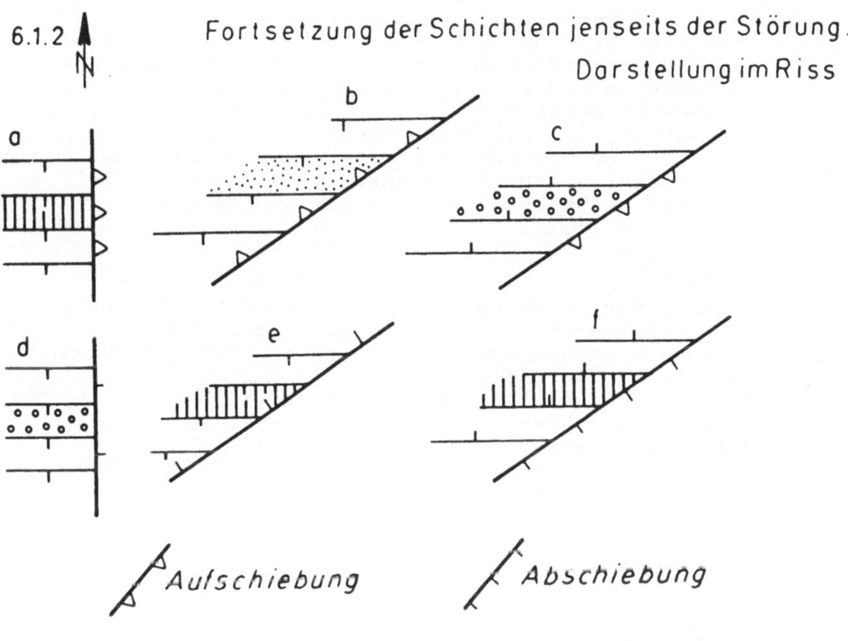
6.1.2
N
Fortsetzung der Schichten jenseits der Störung.
Darstellung im Riss
a
b
c
d
e
f
Aufschiebung
Abschiebung

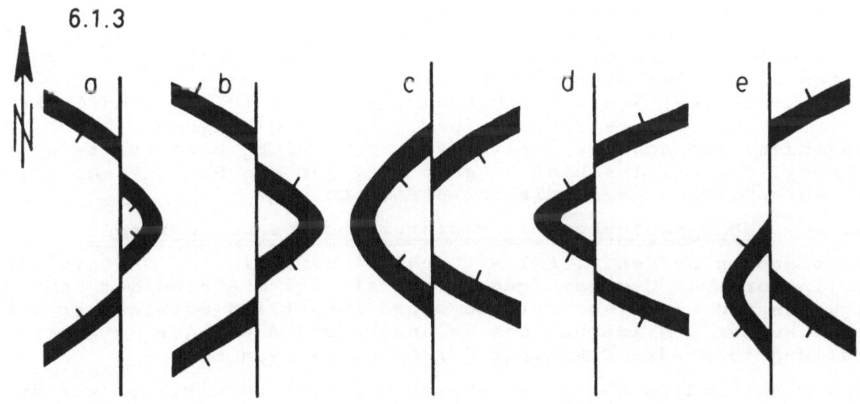
6.1.3
N
a
b
c
d
e

Fragen:

6.1.3.1: Was sind Mulden, was Sättel?
6.1.3.2: Wohin tauchen die Faltenstrukturen ab?
6.1.3.3: Wenn alle Störungen, welche die Achsen der Faltenstrukturen querschlägig bei a bis d schneiden, Abschiebungen sind, in welche Richtung fallen die einzelnen Störungen ein?
6.1.3.4: Wie vorher, als Aufschiebungen?
6.1.3.5: Was für eine Störung liegt bei e vor? Einfallen, Bezugskomponente (s.Abb. 28), links- oder rechtshändig?
6.1.3.6: Wo liegt die scheinbare Verschiebung sh bei b? (vergl. Abb. 32)

Lösungen zu 6.1.2:

a) Aufschiebung, querschlägig streichend. In der Ostscholle sind die Schichtausstriche nach S verschoben.
b) Antithetische Aufschiebung. Die Schichtausstrichte rücken in der Südostscholle gegen NE vor.
c) Antithetische Aufschiebung, Verschiebung wie bei b.
d) Abschiebung, querschlägig. Die Ausstriche rücken in der Ostscholle nach N vor.
e) Antithetische Abschiebung. Die Schichtausstriche rücken in der Südostscholle nach SW vor.
f) Antithetische Abschiebung. Die Schichtausstriche rücken in der Südostscholle nach SW vor.

Lösungen zu 6.1.3:

6.1.3.1: Mulden:a,c, Sättel: b,d,e.
6.1.3.2: a nach W, b nach E, c nach E, d nach W, e nach W.
6.1.3.3: nach W bei a,c,d, nach E bei b.
6.1.3.4: nach W bei b, nach E bei a,c,d.
6.1.3.5: eine linkshändige Verschiebung. Handelt es sich um eine Schrägabschiebung, fällt sie nach W, bei einer Schrägaufschiebung nach E ein. Es kann sich um keine reine Seitenverschiebung (allein mit Bezugswert h und ohne Bezugswert v, s. Abb. 28) handeln, da die Ausstrichbreite des Sattels zu beiden Seiten der Störung verschieden ist.
6.1.3.6: an zwei Stellen erkennbar: an der Nord- und Südflanke des Sattels zwischen dem jeweiligen Hangenden (oder Liegenden) der schwarz ausstreichenden Schicht beiderseits der Störung. Bei der Abschiebung geht sh gegen den Sattelkern, bei der Aufschiebung gegen die Sattelflanken.

6.2 Übungsaufgaben mit Beschreibung des Lösungsweges

Im folgenden werden 11 Fälle bruchhaft deformierter Gesteinskörper in Form von Übungsaufgaben vorgestellt. Sie sind dem Schwierigkeitsgrad nach geordnet und bauen inhaltlich aufeinander auf. Einer kurzen Schilderung des Geländebefundes und der Aufgabenstellung folgt die Erklärung der quantitativen Lösung.

Wenn nicht anders angegeben, haben die Horizontalrisse- wie auch die Vertikalrisse-einen Maßstab von 1:1000 und die N-S-Richtung verläuft parallel zur Längskante der Seiten mit N oben. Weiterhin sind in den Horizontalrissen die aus der Geländebeobachtung bekannten geologisch-tektonischen Elemente durch dicke Striche hervorgehoben; mit dicken Strichen sind auch die Konstruktionsteile gekennzeichnet worden, an denen die Verwurfswerte der Störungen t,s,w,h und v abgemessen werden können. Die angegebenen Beträge sind rechnerisch ermittelt; gegenüber den zeichnerisch ermittelten Beträge können sich leichte Unterschiede ergeben.

In Kap. 6.3 finden Sie analog zu Kap. 6.2 10 Aufgaben, nur ohne die Erklärung der quantitativen Lösung.

In allen Übungsaufgaben wurden folgende Abkürzungen und Signaturen verwendet:

φ = *Streichen von Schichten*
α = *Einfallen von Schichten*
ε = *Streichen von Störungen*
β = *Einfallen von Störungen*
$\varkappa$ = *Abtauchen der Kreuzlinie*
λ = *Abtauchen des a-Linears*
ϑ = *pitch-Winkel des a-Linears*
M = *Mächtigkeit einer Schicht*
Ab = *Ausstrichbreite einer Schicht*
sh - *scheinb. Verschiebung i. d. Horizontalen, parallel zur Störung u. senkr. zum Schichtstreichen gemessen.*
sh' = *scheinb. Verschiebung i. d. Horizontalen senkr. zum Schichtstreichen gemessen.*

Schichtgrenze mit Einfallrichtung
Störung allgem. mit Einfallrichtung
Abschiebung ohne horizontale Bewegungskomponente
Aufschiebung ohne horizontale Bewegungskomponente
Schrägabschiebung, linkshändig
Schrägaufschiebung, rechtshändig
Seitenverschiebung, linkshändig

6.2.1 Ab- und Aufschiebung senkrecht zum Schichtverband streichend

Aufgabe 1 Abschiebung einer geneigten Schicht

Geländebefund und Aufgabenstellung

Eine Schicht mit den Raumdaten 0/30 W und der Ausstrichbreite 10 m wird durch eine Abschiebung mit den Raumdaten 90/65 S um den scheinbaren Verschiebungsbetrag sh = 30 m versetzt. Ermitteln Sie an Hand der gegebenen Daten die seigere Verwurfsweite (t), die söhlige Schubweite (s) und die Abschiebungsweite (w), sowie die wahre Mächtigkeit (M).

Lösungsweg

1) Ergänzen Sie den Horizontalriß durch Einzeichnen des Ausstriches der Schicht in der hangenden Scholle. Dazu ist zu überlegen, in welche Richtung der scheinbare Verschiebungsbetrag sh abgetragen werden muß (vergl. Kap. 4.3).

2) Ermittlung des seigeren Verwurfswertes t:
Bei gegebenem sh oder gegebenen Ausstrichen von verworfenen Flächen (Schichten oder Störungen oder Achsenflächen) mit bekanntem Einfallen, läßt sich durch ein Profil parallel zur Störung die seigere Verwurfsweite t ermitteln, denn es bestehen direkte Beziehungen zwischen t und sh. Zeichnen Sie also das West-Ost-Profil W' - E' parallel zur Störung und senkrecht zum Schichtstreichen, indem Sie in Punkt K" den Einfallswinkel $\alpha = 30^{\circ}$ antragen und durch Parallelverschiebung die Liegendgrenze der Schicht ergänzen. Projezieren Sie K (Schnittpunkt des Schichtausstriches mit der Störung in der Liegendscholle) auf die Profillinie und errichten Sie in diesem Punkt die Senkrechte. Sie trifft den freien Schenkel des Winkels α in K', wobei die Strecke KK' = t ist. Der geometrisch ermittelte Wert für t läßt sich rechnerisch überprüfen, denn t = tan α x sh.

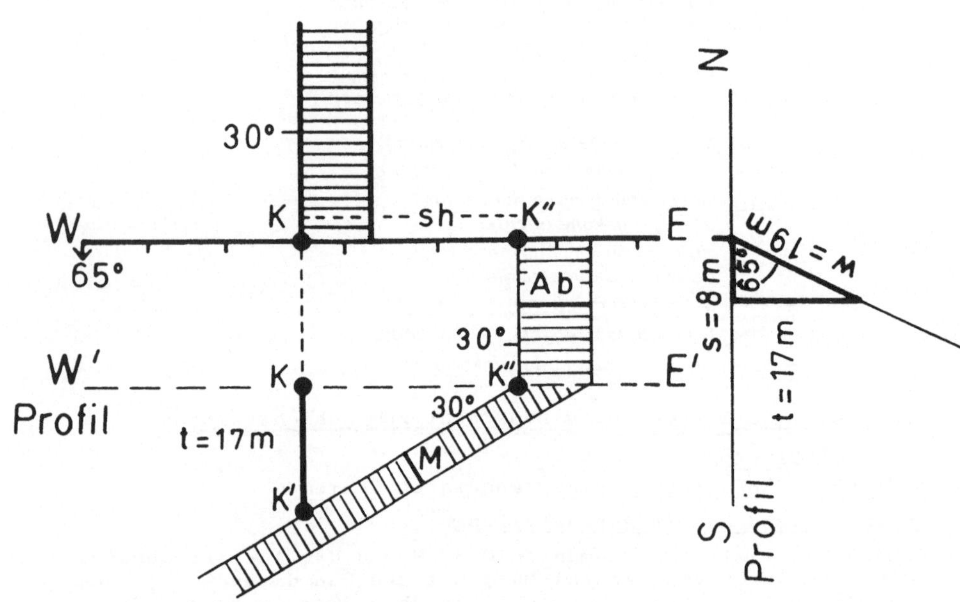

Abbildung zu Aufg. 1, Erläuterung s. Text

3) Ermittlung der söhligen Schubweite s und der Abschiebungsweite w: Zeichnen Sie ein <u>Profil senkrecht zur Störung</u>, indem Sie zunächst den Einfallswinkel der Störung β gegen die Profillinie auftragen und dann eine Senkrechte auf der Profillinie so errichten, daß sie den freien Schenkel des Winkel β im Abstand t schneidet. Die andere Kathete des so entstandenen rechtwinkligen Dreiecks ist s, die Hypothenuse ist w. Mit Hilfe der Winkelfunktionen lassen sich die geometrisch ermittelten Ergebnisse überprüfen. So ist

$$s = \tan(90 - \beta) \times t \text{ und } w = \frac{t}{\cos(90 - \beta)} .$$

4) Der Abstand zwischen Hangend- und Liegendgrenze der Schicht, senkrecht zu den Schichtflächen gemessen, ist die wahre Mächtigkeit M, hier M = 5 m (Über den Zusammenhang von Schichteinfallen, Ausstrichbreite und wahrer Mächtigkeit s. CTH 12).

Aufgabe 2 Aufschiebung einer geneigten Schicht

Geländebefund und Aufgabenstellung

Eine E - W streichende Schicht, die mit 30° nach N einfällt, wird durch eine N - S streichende Störung derart in zwei Schollen zerlegt, daß der westliche Block gegenüber dem östlichen um den scheinbaren horizontalen Verschiebungsbetrag sh = 50 m nach N versetzt zu sein scheint. Ein a-Bewegungslinear mit den Raumdaten 90/50 W konnte in ursächlichen Zusammenhang mit der Störung gebracht werden. Ermitteln Sie Einfallen und Einfallrichtung und Art der Störung. Bringen Sie die Signatur für diese Art der Störung in der Karte an. Geben Sie die Werte für die seigere Verwurfsweite (t), die söhlige Schubweite (s) und die Abschiebungsweite (w) an. Wie wäre der Störungsmechanismus zu deuten, wenn nur die Einfallrichtung Westen bekannt ist?

Lösungsweg

1) Aus der Definition für a-Lineare (s. Kap. 3.4) geht hervor, daß sie sich auf einer Fläche befinden, auf der eine Bewegung stattgefunden hat. Im vorliegenden Fall ist die einzige Bewegungsfläche die Störungsfläche. Da die Streichrichtung des a-Linears senkrecht zum Streichen der Störung verläuft, sind a-Linear und Fallinie der Störung identisch, d.h., die Störung fällt mit 50° nach W ein.
2) Schließt man die seltenen Fälle aus, an denen die Liegendscholle bewegt ist, so ist nur eine aufschiebende Bewegung der Hangendscholle denkbar. Bei dieser Bewegung wandert der Schichtausstrich in der Hangendscholle (hier in der westlichen Scholle) gegenüber dem Schichtausstrich in der stehengebliebenen Liegendscholle (hier in der östlichen Scholle) in Einfallrichtung der Schicht (hier nach N) aus.
3) Nachdem ermittelt wurde, daß es sich um eine Störung ohne Horizontalkomponente h handelt, läßt sich durch Messen des Abstandes der Hangendgrenze der Schicht (oder jeweils der Liegendgrenze) östlich und westlich der Störung der scheinbare Verschiebungsbetrag in der Horizontalen sh = 50 m ablesen.
4) In einem <u>Profil parallel zur Störung</u> (N - S) wird t = 29 m ermittelt.

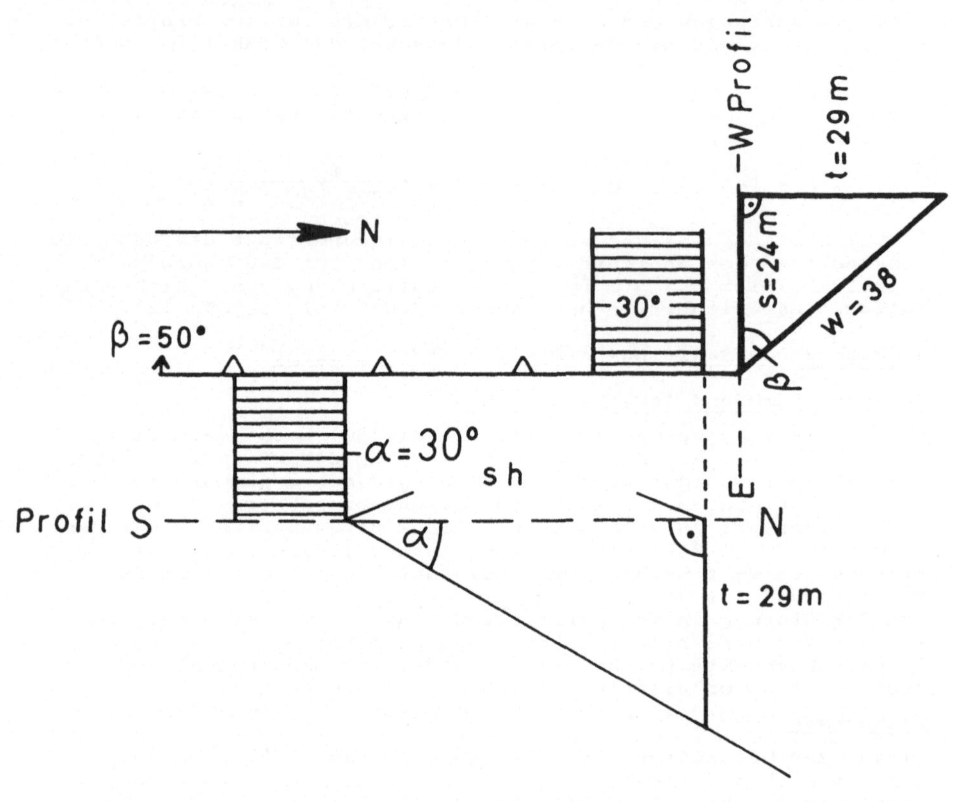

Abbildung zu Aufg. 2, Erläuterung s. Text

5) In einem <u>Profil senkrecht zur Störung</u> (W-E) werden s = 24 m und w = 38 m ermittelt.
6) Es war zusätzlich gefragt worden, wie der Störungsmechanismus zu deuten ist, wenn nur die Einfallrichtung West bekannt ist. Die Störung kann dann gedeutet werden als
a) eine "normale" Aufschiebung mit h = 0 (s. 2)),
b) eine Schrägaufschiebung mit h < 50 m und
c) eine rechtshändige Seitenverschiebung mit h = 50 m.

Aufgabe 3 Abschiebung einer symmetrischen Mulde

Geländebefund und Aufgabenstellung

Eine symmetrische Mulde wird durch eine West-Ost streichende Abschiebung mit t = 20 m gestört. Zu ermitteln ist der Ausstrich der Mulde im Liegenden der Störung sowie die Beträge für s und w. Der Horizontalriß ist durch Einzeichnen des Ausstriches der Achsenfläche zu ergänzen.

Lösungsweg:

1) Zeichnen Sie ein Profil parallel zur Störung durch die Mulde und konstruieren Sie die Achsenfläche. Sie ergibt sich als Winkelhalbierende des Winkels zwischen den Faltenflanken; diese Definition ist für symmetrische und vergente Falten gültig. Tragen Sie die Achsenfläche in den Horizontalriß südlich der Störung ein.
2) In der nördlich der Störung liegenden Scholle müssen tiefere Teile der Mulde angeschnitten sein. Der Ausstrich der Mulde ist hier also schmaler als in der südlichen Scholle. Der Unter-

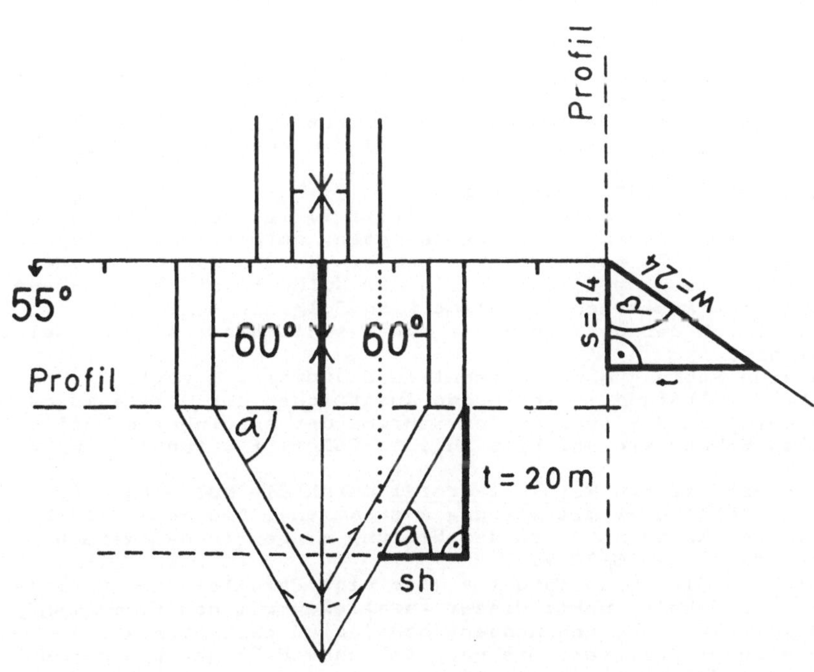

Abbildung zu Aufgabe 3, Erläuterung s. Text

schied in der Ausstrichbreite ist abhängig vom Einfallen der Muldenflanke und von t. Die Parallele zur Profillinie im Abstand t ergibt das Niveau, in dem die Mulde nördlich der Störung angeschnitten sein muß. Alle Schnittpunkte dieser Niveaulinie mit Elementen der Mulde werden in den Horizontalriß nördlich der Störung projeziert(in der Abb. zu Aufg. 3 verdeutlicht durch die gepunktete Linie).
3) Der Ausstrich senkrecht stehender Flächen (hier Achsenfläche) wird durch "normale" Auf- und Abschiebungen, soweit sie senkrecht zu den Störungen verlaufen, nicht beeinflußt.
4) Zeichnen Sie ein <u>Profil senkrecht zur Störung</u>; bei bekanntem Einfallen der Störung und bekanntem t lassen sich s = 14 m und w = 24 m ermitteln.

Aufgabe 4 Vergente Mulde durch Störung versetzt

Geländebefund und Aufgabenstellung

Eine vergente Mulde wird durch eine Störung versetzt. Auf der Störung konnte ein a-Linear mit den Raumdaten 0/60 S eingemessen werden. Welche Art der Störung liegt vor? Bringen Sie im Horizontalriß die entsprechende Signatur für die Störung an und ermitteln Sie die Raumdaten der Störung, der Achsenfläche und die Werte für t, s und w.

Lösungsweg

1) Wie aus den Daten des a-Linears auf die Art der Störung und auf das Einfallen der Störung geschlossen werden kann, wurde im Lösungsteil 1) der Aufgabe 2 erläutert. In diesem Falle folgt aus den Daten des a-Linears und dem Ausstrich der östlichen Muldenflanke südlich der Störung, daß eine Aufschiebung mit den Daten 90/60 S vorliegt.
2) Entsprechend Aufgabe 3, Lösungsteil 2) ist zu überlegen, wie der Ausstrich der Mulde in der bewegten, aufgeschobenen Scholle aussehen wird. In der südlichen Scholle werden durch die aufschiebende Bewegung tiefere Teile der Mulde in die Kartenebene gehoben, der Ausstrich der Mulde wird folglich schmaler sein; der Ausstrich der Ostflanke der Mulde südlich der Störung weist darauf hin.
3) Da eine Störung ohne horizontale Schubweite h vorliegt, entspricht der Abstand zwischen den Ausstrichen der Ostflanke der Mulde nördlich und südlich der Störung der scheinbaren horizontalen Schubweite sh, hier sh_E. Es folgt: $t = \tan\alpha \times sh_E = 15$ m.
4) Zeichnen Sie ein <u>West-Ost-Profil</u> durch die Mulde (die Profillinie fällt hier mit Störung A zusammen). Die Achsenfläche kann in der Karte nördlich der Störung eingezeichnet werden und hat die Daten 0/70 W.
5) Zeichnen Sie im Abstand t = 15 m eine Parallele zur Profillinie; die Schnittpunkte dieser Parallelen mit den Elementen der Mulde (W-Flanke und Achsenfläche) sind nach oben an die Störung zu projezieren. Die noch fehlende W-Flanke und Achsenfläche der Mulde sind damit in der Lage festgelegt und können eingezeichnet werden.
6) Zeichnen Sie ein <u>Profil senkrecht zur Störung</u> und ermitteln Sie mit bekanntem Einfallwinkel der Störung und mit bekanntem t = 15 m: s = 9 m und w = 17 m.

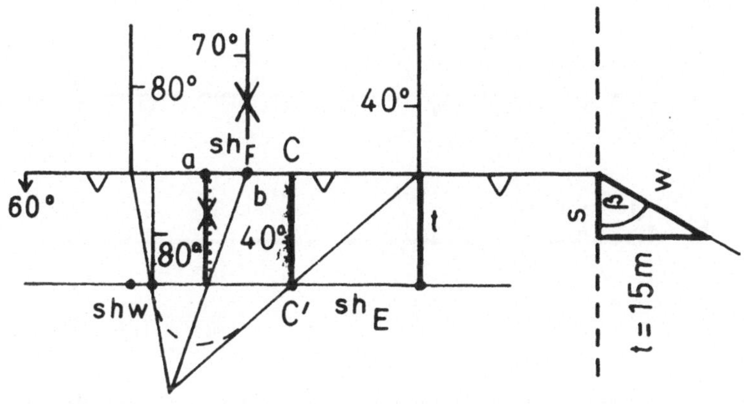

Abbildung zu Aufg. 4, Erläuterung s. Text

7) Der Wert für t ergibt sich auch aus dem Profil parallel zur Störung: unter Fortfall von Lösungsschritt 3) ist das Profil zu zeichnen, siehe Lösungsweg 4). Die Vertikalprojektion des Punktes C auf die östliche Muldenflanke des Profils ergibt C': C - C' = t. Zeichnen Sie die Parallele zur Profillinie durch C' und verfahren Sie weiter wie im Lösungsschritt 5).

8) Bei gleichem Betrag für die seigere Verwurfsweite t = 15 m sind die Werte der scheinbaren horizontalen Verschiebungsweite für die Elemente der Mulde in Abhängigkeit von deren Einfallen verschieden: $sh_E > sh_F > sh_W$.

6.2.2 Störungen parallel zu den verworfenen Flächen streichend (streichende Störungen)

Aufgabe 5 Abschiebung einer Störung

Geländebefund und Aufgabenstellung

Teil 1) Im Gelände verläuft eine Aufschiebung A parallel zu einer jüngeren Abschiebung B. Die seigere Verwurfsweite von B (t_B) beträgt 30 m. Ermitteln Sie die zweite Ausstrichlinie der Störung A und entnehmen Sie der Konstruktion die Werte für s und w der Störung B.

Teil 2) Lösen Sie die gleiche Aufgabe, wenn die B älter als A ist und w_A = 20 m. Streicht Störung B zweimal im Horizontalriß aus?

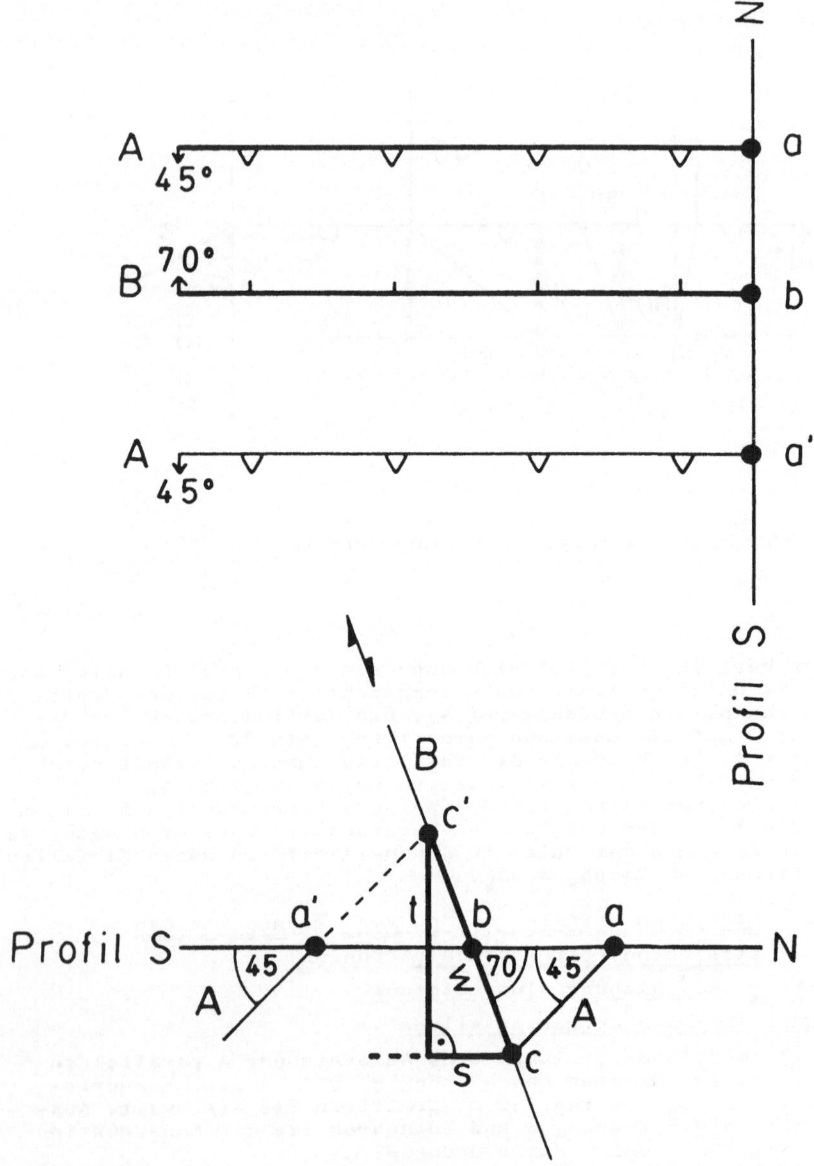

Abbildung zu Aufg. 5, Teil 1, Erläuterung s. Text

Lösungsweg

Deutlicher als in den Aufgaben 1 - 4 soll in der folgenden Aufgabe gezeigt werden, daß alle räumlichen, flächigen und linearen geologischen Elemente aus einem ersten geologisch-tektonischen Formungsprozeß auch einem weiteren Formungsprozeß unterworfen werden können; so werden, wie im vorliegenden Fall, durchaus Störungen durch Störungen verworfen.

Teil 1) Tragen Sie in einem Profil senkrecht zu den Störungen in a $\beta_A = 45^\circ$ und in b $\beta_B = 70^\circ$ gegen die Horizontale an. In c trifft die Störung A auf die Störung B. Auf einer Parallelen zur Profillinie durch c wird eine Senkrechte mit der Länge $t_B = 30$ m errichtet, die die Gerade cb in c' schneidet. Mit diesem Punkt ist die Fortsetzung der Störung A im Liegenden der Störung B oberhalb der Kartenebene gefunden. Die Parallele zu ac durch c' schneidet die Profillinie in a', dem Ausstrich der Störung A auf der Profillinie. Übertragen Sie den Abstand ba' in die Karte und vervollständigen Sie sie. Die Werte für s = 11 m und w = 32 m entnehmen Sie der Konstruktion.

Teil 2) Zeichnen Sie unter Berücksichtigung der gegebenen Altersverhältnisse und mit dem Wert für w ein Nord-Süd-Profil (siehe Abb. zu Aufg. 5, Teil 2). Aus dem Profil ergibt sich:

a) Bei gegebenem w ist t = 15 m und s = 15 m.

b) Störung B streicht nur einmal im Horizontalriß aus; der stehengebliebene Teil dieser Störung liegt <u>unter</u> Störung A und <u>unter</u> dem Horizontalriß.

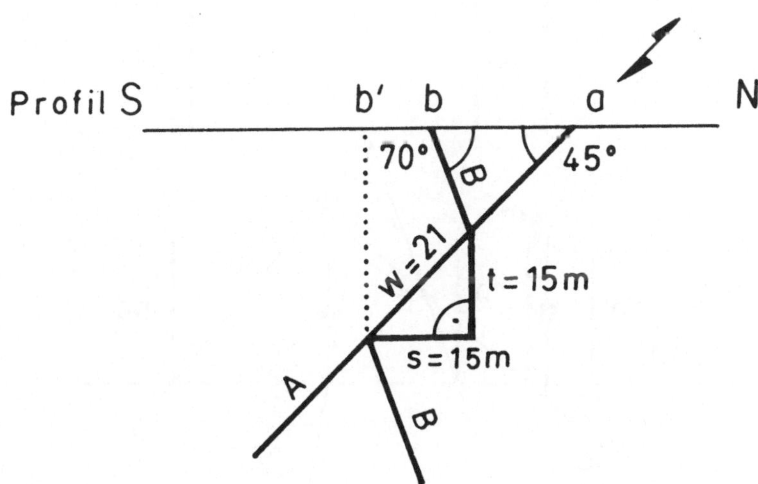

Abbildung zu Aufg. 5, Teil 2, Erläuterung s. Text

c) Die Schnittlinie zwischen A und B (Kreuzlinie der beiden Störungen, s. Kap. 4.2) verläuft in West-Ost-Richtung horizontal in einer Teufe von 29 m; die Raumdaten der Kreuzlinie lauten 90/0.
d) Der Verlauf der Kreuzlinie läßt sich vertikal nach oben in den Grundriß projezieren (gepunktete Linie) und liegt dann 10 m südlich des Ausstriches der Störung B.

Aufgabe 6 Abschiebung eines Sattels

Geländebefund und Aufgabenstellung

An einem westvergenten Sattel befindet sich parallel zu seiner Westflanke eine streichende Abschiebung mit w = 35 m.
Ermitteln Sie t und s der Abschiebung und ergänzen Sie den Horizontalriß.

Lösungsweg

1) Zeichnen Sie das Profil senkrecht zu den Sattelflanken und der Störung. Zunächst ergibt sich die Achsenfläche, welche östlich der Störung in die Karte eingezeichnet werden kann.
2) Die in der Profildarstellung über der Störung befindliche Sattelkulmination ist in ihrer Gesamtheit um den Betrag w = 35 m entlang der Störung nach unten zu verschieben; dabei wandert Punkt a nach a', die Strecke aa' = w. Zeichnen Sie die Parallele zur westlichen Sattelflanke durch a'; im Schnittpunkt dieser Parallelen mit der Profillinie errichten Sie das Lot auf der Profillinie und erhalten damit den Ausstrich der westlichen Sattelflanke westlich der Störung. Verfahren Sie

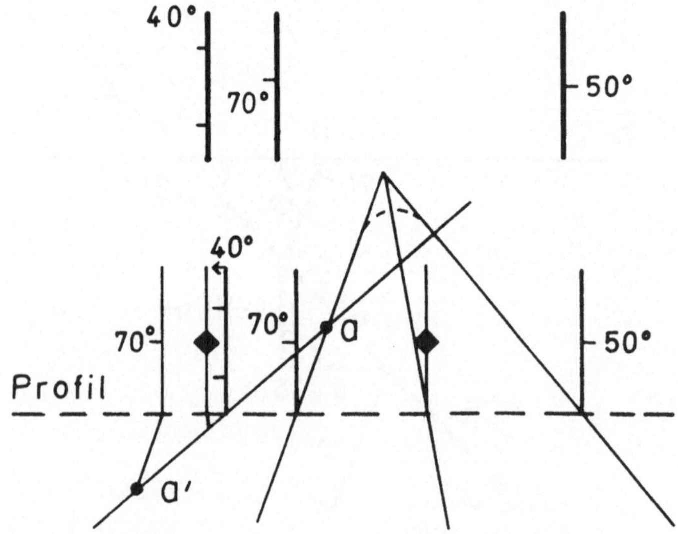

Abbildung zu Aufg. 6, Erläuterungen s. Text

mit den übrigen Elementen der Falte genauso. Die östliche Sattelflanke erscheint nicht in der Karte westlich der Störung, da der Schnittpunkt Störung/50°-Flanke über der Kartenebene liegt.

3) Bei bekannter Raumlage von w zwischen a und a' sollten Sie in der Lage sein, t mit 22 m und s mit 27 m zu ermitteln.

Aufgabe 7 Mehrfache Abschiebung einer Schicht (Staffelbruch)

Geländebefund und Aufgabenstellung

Durch einen antithetischen Staffelbruch mit den streichenden Störungen A, B, C wird eine mit 40° einfallende Schicht so verworfen, daß sie störungsbedingt mehrfach ausstreicht (siehe Abb. zu Aufg. 7).

Welche Werte ergeben sich für t, s, w der Störungen A, B, C und wie groß ist der Gesamt-Dehnungsbetrag im Bereich der Störungszone?

Lösungsweg

1) In einem Profil senkrecht zu den Störungen und den Schichten werden zunächst die Störungen und ihre Verlängerungen über die Profillinie hinaus in das Hangende eingetragen. Anschließend werden die Schichten in das Profil eingezeichnet und bis an die Störung verlängert.

2) Der Abstand zwischen den Schnittpunkten von Schichten und Störung, z.B. der Abstand CC' entspricht w; wie an Störung A gezeigt, lassen sich somit die Dreiecke t, s, w für jede Störung konstruieren.

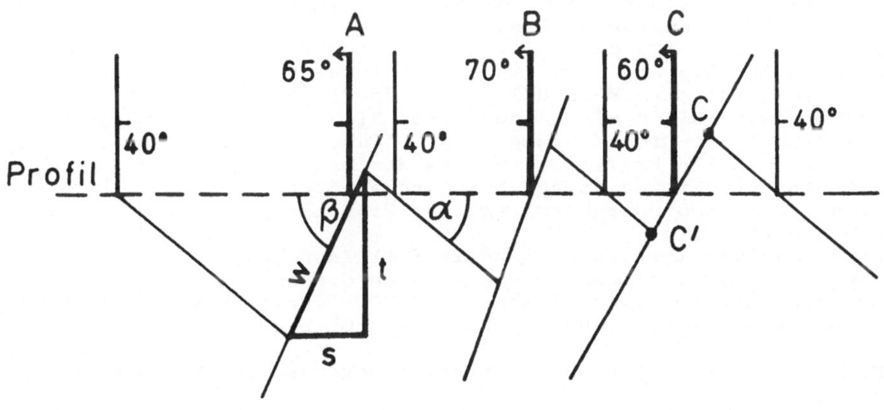

Abbildung zu Aufg. 7, Erläuterungen s. Text

Dabei ergeben sich für die einzelnen Störungen folgende Werte:
Störung A: t = 23 m, s = 11 m, w = 25 m,
Störung B: t = 19 m, s = 7 m, w = 20 m,
Störung C: t = 14 m, s = 8 m, w = 16 m.

3) Der Gesamt-Dehnungsbetrag ergibt sich aus der Summe der Werte für s (söhlige Schubweite) und beträgt in diesem Beispiel 26 m.

6.2.3 Drehverwerfungen

Aufgabe 8 Mulde von einer Drehverwerfung betroffen

Geländebefund und Aufgabenstellung

Neben vertikalen und/oder horizontalen Bewegungen an Störungsflächen kommen, häufiger als gemeinhin bekannt wird, auch Drehbewegungen vor. Sie sind im allgemeinen den erstgenannten Bewegungen überlagert. Die Schollenkippung kann um horizontale, vertikale oder schiefe Achsen erfolgen, wobei die Kippungsachse selten identisch ist mit der Normalen oder der Streichlinie von Schicht- oder Störungsfläche. In Aufgabe 8 wurde ein einfacher Fall gewählt: an einer seiger stehenden Störung erfolgt eine Drehbewegung zwischen den Punkten A und D mit der Streichlinie dieser Schicht als Drehachse. Von dieser Bewegung ist eine symmetrische Mulde betroffen.
Bestimmen Sie anhand des gegebenen Horizontalrißes den Winkel δ, um den der Muldenteil östlich der Störung gedreht wurde, die Einfallwinkel der Muldenflanken und der Achsenfläche östlich der Drehverwerfung.

Lösungsweg

1) Zeichnen Sie das Profil 1 (A-B) und verlängern Sie die nördliche Muldenflanke über B hinaus.
2) Projezieren Sie den Ausstrich der nördlichen Muldenflanke östlich der Störung (C-C') über C' hinaus bis zum Schnittpunkt mit dem nördlichen Muldenflügel in Profil 1 (C").
3) Verbinden Sie A mit C" und lesen Sie zwischen A-C" und A-B den Winkel der Drehbewegung $\delta = 10^\circ$ ab.
4) Zeichnen Sie Profil 2, welches dem Profil unter der Linie A-C" entspricht und spiegelbildlich zu Profil 2 liegt, wenn vorher A-C" samt darunterliegender Profilzeichnung um δ bis A-B gedreht wird.
Gegenüber der westlichen Scholle fällt der südliche Muldenflügel in der östlichen Scholle durch die Drehung steiler mit 50° ein, der nördliche flacher mit 30°. Die Achsenfläche steht nicht mehr seiger, sondern fällt mit 80° nach S ein.

Komplizierte Fälle von Drehverwerfungen siehe GWINNER 1965, Seite 133.

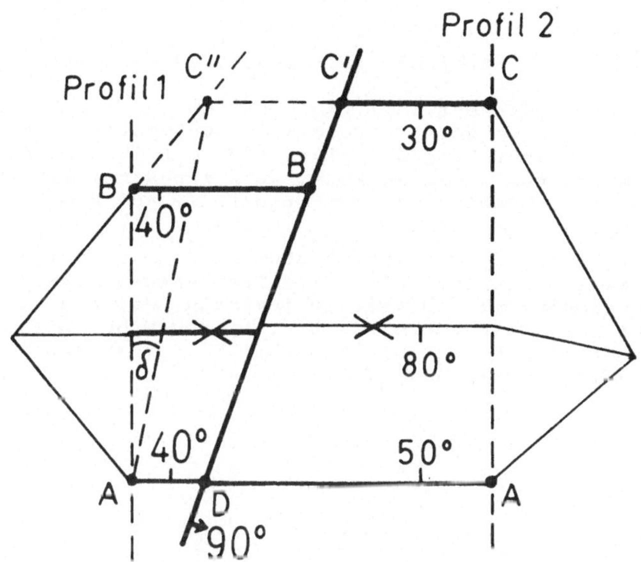

Abbildung zu Aufgabe 8, Erläuterungen s. Text

6.2.4 Ermittlung von Störungswerten unter Verwendung der Kreuzlinie und des a-Linears

6.2.4.1 Erläuterung zu den Aufgabe 9 bis 11

Die Kreuzlinie wurde bereits in Kap. 4.1 erklärt; die hier gegebenen Abbildungen A und B sollen die räumliche Vorstellung unterstützen und die Beziehung zwischen Kreuzlinie und den Störungswerten aufzeigen.

Abb. A gibt die räumliche Darstellung einer durch eine Abschiebung verworfenen Schicht (weit schraffiert). Zur Darstellung der Kreuzlinie im Raum sind zwei beliebige Punkte zu finden, an denen Schichtfläche und Störungsfläche zusammenstoßen. Ein solcher Punkt ist B. Ein zweiter Punkt ist A", er entspricht dem Punkt A und wurde von A nach A" im Einfallen der Störung bewegt. Die Verbindung BA" ist die räumliche Darstellung der hangenden Kreuzlinie. Die Strecke AA" ist die Bewegungsbahn der Hangendscholle und entspricht im Betrag der Abschiebungsweite w.

Zur Darstellung der Kreuzlinie im Horizontalriß wird der Punkt A" vertikal nach oben projeziert und erscheint bei C; man verbindet B und C und erhält den Verlauf der hangenden Kreuzlinie im Horizontalriß. Die Strecke A"C entspricht der vertikalen Verwurfsweite t der Störung, während AC der horizontalen Schubweite entspricht.

Damit wird deutlich:

1) daß bei bekanntem Streichen der Kreuzlinie s ermittelt werden kann,
2) daß mit Hilfe des rechtwinkligen Dreiecks ABC bei bekannten s und sh das Streichen der Kreuzlinie konstruiert werden kann,
3) daß aus dem rechtwinkligen Dreieck A"BC das Abtauchen der Kreuzlinie ermittelt werden kann, wenn t bekannt ist und
4) daß bei bekanntem Abtauchen der Kreuzlinie aus dem Dreieck A"BC der Betrag t folgt.

Abbildung B zeigt eine Schrägabschiebung. Die oben aufgezeigten Beziehungen zwischen Kreuzlinie und aufgetragenen Verwurfswerten gelten hier genauso, nur ist zu beachten, daß die Strecke AB nicht mehr nur sh, sondern /sh+h/ ist, sodaß bei Lösung von Aufgaben mit der Kreuzlinie zunächst h oder sh bestimmt werden muß, um den Punkt A zu finden.

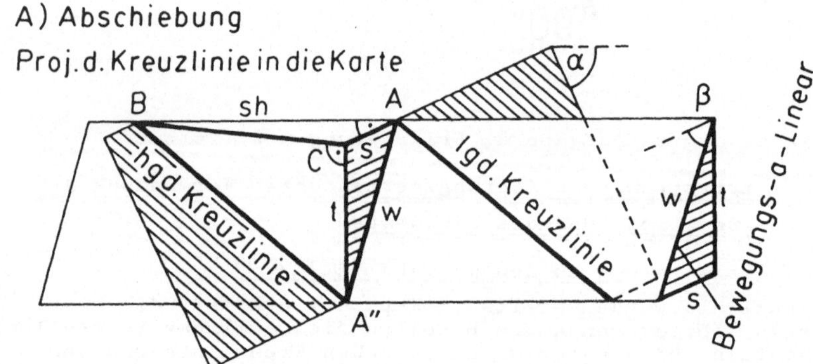

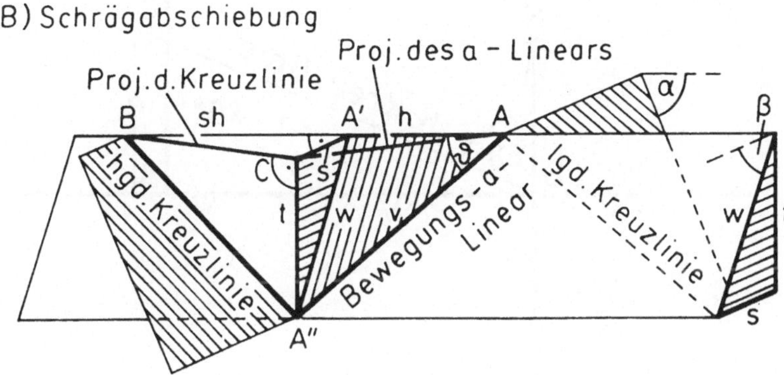

Aufgabe 9 Ermittlung der Verwurfswerte einer Störung unter Verwendung der Daten der Kreuzlinie

Geländebefund und Aufgabenstellung

Eine Schichtfläche mit den Raumdaten 0/40 W wird von einer nach S einfallenden Störung versetzt. Auf der Störungsfläche konnte die Kreuzlinie von Störungs- und Schichtfläche mit 68/39 SW gemessen werden, der Streichwert der Harnischstriemen beträgt 0°. Was für eine Störung liegt vor? Ermitteln Sie die Verwurfswerte der Störung sowie ihren Einfallbetrag und die Raumdaten der a-Lineare.

Lösungsweg

1) Bei gegebenen Einfallrichtungen von Schichtfläche und Störung, den gegebenen Ausstrichen der Schicht sowie der Angabe über die a-Lineare muß eine "normale" Aufschiebung vorliegen.
2) Tragen Sie im Punkt B den Streichwinkel der Kreuzlinie gegen N ab. Diese hangende Kreuzlinie schneidet die Streichlinie der Schichtfläche im Liegenden der Störung im Punkt C. Die Strecke AC entspricht s. Die Streichlinie der liegenden Kreuzlinie wird gezeichnet, wenn man den Streichwinkel in A gegen N abträgt. Bei Aufschiebungen, d.h. Störungen, die Einengung bewirken, wird die hangende Kreuzlinie über die liegende Kreuzlinie ins Hangende verschoben (vergl. Sie die Abbildungen zu Aufg. 9 und 10).

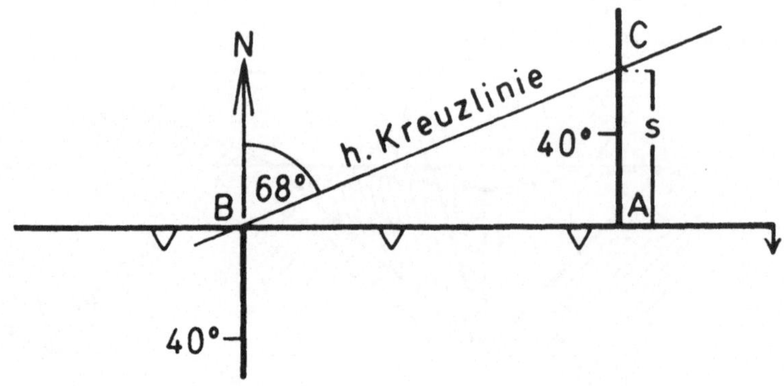

Abbildung zu Aufgabe 9, Erläuterung s. Text

3) Zeichnen Sie ein Profil entlang BC und tragen in B den Abtauchwinkel der Kreuzlinie auf. Die Senkrechte auf der Profillinie in C schneidet den freien Schenkel des Winkels im Abstand t (s. Abb. A und B auf S. 76 und 77).
4) Mittels t und s läßt sich w und der Einfallswinkel der Störung ermitteln.
5) Mit dem Einfallswinkel der Störung ergibt sich auch das Abtauchen der a-Lineare.

Aufgabe 10 Ermittlung der Daten der Kreuzlinie

Geländebefund und Aufgabenstellung

Eine W-E-streichende und nach S einfallende Störung ohne horizontale Bewegungskomponente verwirft eine Schichtfläche mit den Raumdaten 0/40 E. Bekannt ist auch die söhlige Schubweite s. Was für eine Störung liegt vor und wie lauten die Werte t und w? Geben Sie die Raumdaten der Kreuzlinie an.

Lösungsweg

1) Auf Grund des vorliegenden Datenmaterials (Ausstrichlinien und Raumdaten im Horizontalriß) muß es sich um eine Abschiebung handeln.
2) Zur Konstruktion der Kreuzlinie tragen Sie in A senkrecht zur Störung den Betrag s ab. Punkt C ist die Vertikalprojektion eines unter dem Horizontalriß auf der Kreuzlinie liegenden Punktes (s. Abb. auf S. 76 und 77). Ebenso liegt Punkt B auf der Kreuzlinie. Die Verbindung BC entspricht folglich der Streichlinie der hangenden Kreuzlinie. Bei Abschiebungen wandert die hangende Kreuzlinie im Ablauf der Bewegung auf der Störung immer tiefer.

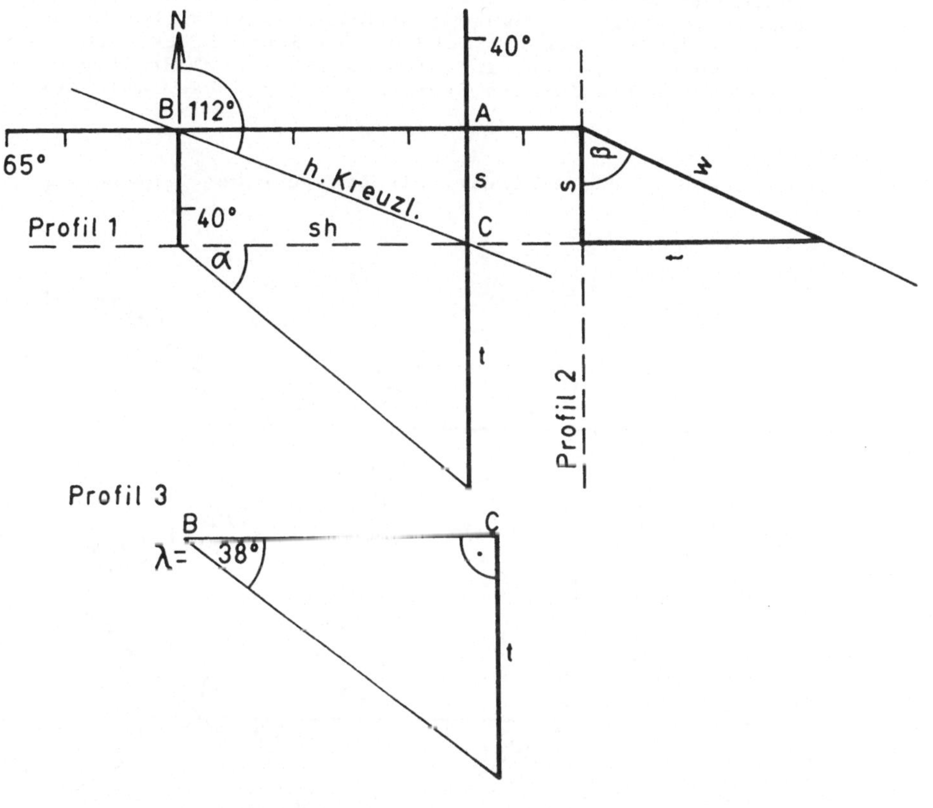

Abbildungen zu Aufgabe 10, Erläuterungen s. Text

3) Mit den bekannten Beträgen für α und sh ergibt sich aus einem Profil parallel zur Störung (Profil 1) der Wert t.
4) Aus s und t läßt sich im Profil senkrecht zur Störung (Profil 2) sowohl w als auch der Einfallswinkel der Störung = 65° bestimmen.
5) In einem dritten Profil im Streichen der Kreuzlinie BC (Profil 3) wird mit Hilfe von t der Abtauchwinkel der Kreuzlinie bestimmt, sodaß deren vollständigen Raumdaten 112/38 SE lauten.

Aufgabe 11 Ermittlung von Störungswerten unter Verwendung der Kreuzlinie und des a-Linears

Geländebefund und Aufgabenstellung

Eine Schicht mit den Raumdaten 148/30 NE wird von einer 90° streichenden und nach S einfallenden Störung verworfen. Auf der Störungsfläche wurden Bewegungs-a-Lineare mit 60/40 SW eingemessen. Zudem ist bekannt, daß der hangende Block nach SW geschoben wurde. Was für eine Störung liegt vor? Ermitteln Sie alle Verwurfswerte für die Störung sowie die Raumdaten der Kreuzlinie.

Lösungsweg:

1) Die Angaben über das a-Linear, die Bewegung des hangenden

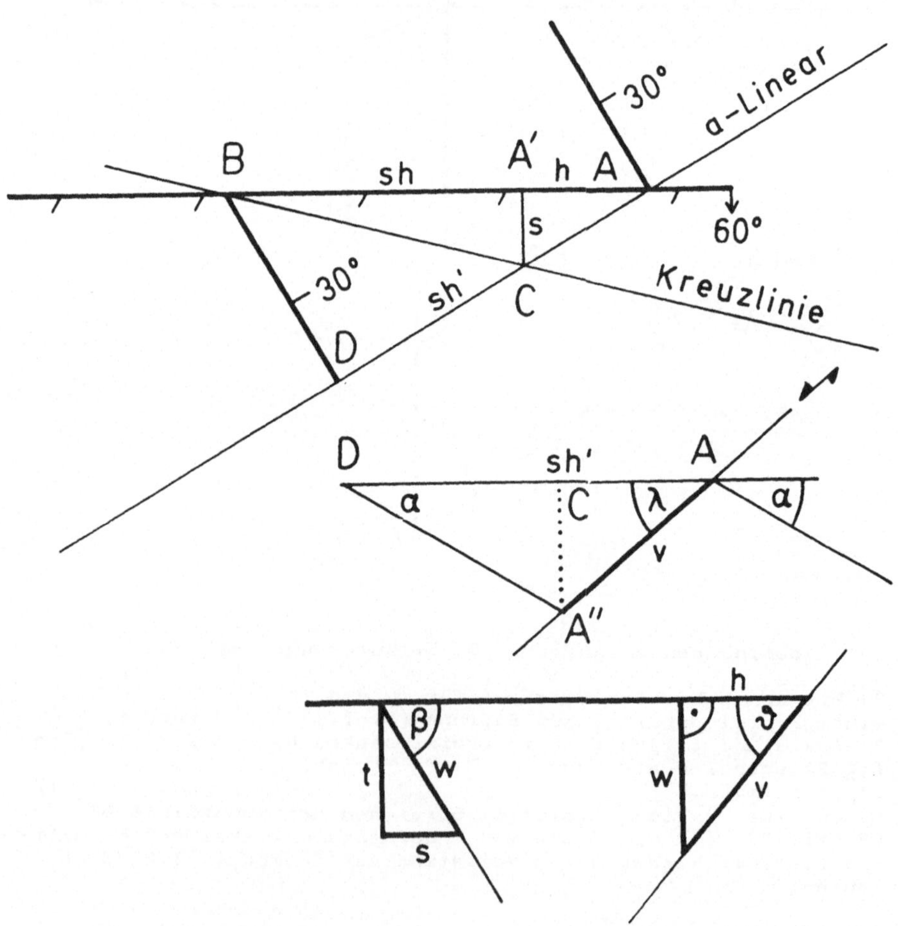

Abbildungen zu Aufgabe 11, Erläuterungen s. Text

Blockes und die Ausstriche der Schicht im Horizontalriß erlauben nur die Deutung der Störung als Schrägabschiebung.
2) Tragen Sie die Streichlinie des a-Linears in den Horizontalriß ein und entwickeln Sie das Profil AD (s. Abb. zu Aufg. 11, mitte), d.h. ein Profil im Streichen des a-Linears und damit über dem Vektor v (Verschiebungsweite auf der Störungsfläche). In A ist der Abtauchwinkel λ des a-Linears, in D der Einfallswinkel α der Schicht abzutragen (wenn die a-Lineare nicht senkrecht auf die Schicht zustreichen, muß in D der scheinbare Einfallswinkel angetragen werden). A" ist der Schnittpunkt der Schichtfläche im Hangenden der Störung mit dem a-Linear (vergl. Abb. S. 76 und 77), folglich ist die Strecke AA" = v = 27 m.
3) Die Vertikalprojektion des Punktes A" ergibt Punkt C auf der Streichlinie des a-Linears. Damit ergibt sich (Abb. zu Aufgabe 11, Mitte und oben) Strecke A'C = s = 10 m und Strecke AA' = h = 18 m.
4) Mit Hilfe der nun bekannten Werte für h und v läßt sich das rechtwinklige Dreieck mit den Seiten h,v,w konstruieren (Abb. zu Aufg. 11 unten). Es ergibt sich w = 21 m und der pitch-Winkel $\vartheta = 50^{\circ}$.
5) Aus einem Profil senkrecht zur Störung und den bekannten Beträgen für s und w folgt t = 18 m und $\beta = 60^{\circ}$.
6) Die Raumdaten für die Kreuzlinie lauten 104/23 SE, die Ermittlung dieser Daten wurde in Aufgabe 9 und 10 erklärt.

6.3 Übungsaufgaben ohne Beschreibung des Lösungsweges

Aufgabe 1

Eine Schicht mit den Raumdaten 120/45 SW wird durch eine Störung 30/50 SE (ohne Horizontalkomponente) um den Betrag von sh = 60 m nach NE versetzt.

Bestimmen Sie die Art der Störung und ermitteln die Werte für t, s und w.

Aufgabe 2

Durch eine Störung wird eine Schicht mit den Daten 70/35 SE, die im Liegenden der Störung ausstreicht, gegenüber der Schicht im Hangenden der Störung um sh = 40 m nach NW versetzt. Auf der 160° streichenden Störungsfläche konnte ein a-Linear mit den Raumdaten 70/60 SW eingemessen werden.

Geben Sie die Werte für t, s und w an, ermitteln Sie die Raumdaten der Störung und bringen Sie die Signatur für die Art der Störung in der Karte an.

Aufgabe 3

Eine symmetrische Mulde, deren beide Flanken die Raumdaten 160/40 SW und 160/40 NE aufweisen und die an beiden Meßpunkten 100 m voneinander entfernt sind, wird durch eine Abschiebung mit den Daten 70/60 SE und t = 35 m gestört.

Konstruieren Sie den Ausstrich der Mulde im Liegenden der Störung, zeichnen Sie die Achsenfläche auf beiden Seiten der Störung ein und ermitteln Sie die Werte für s und w der Störung.

Aufgabe 4

Die SE-Flanke einer NW-vergenten Mulde, deren beide Flanken die Raumdaten 30/45 SE und 30/70 NW besitzen und deren Aufnahmepunkte im Liegenden der Störung 80 m auseinanderliegen, wird durch eine Störung um 10 m nach NW versetzt. In ursächlichen Zusammenhang mit der 120° streichenden Störung konnte ein a-Linear mit den Daten 30/30 SW gebracht werden.

Welche Art der Störung liegt vor? Ermitteln Sie die Raumdaten der Störung, Achsenfläche sowie die Werte für t, s und w.

Aufgabe 5

Eine Aufschiebung A mit den Raumdaten 150/30 SW wird durch eine jüngere Abschiebung B mit den Raumdaten 150/80 NE und sh = 30 m verworfen. t_B beträgt 33 m.

Konstruieren Sie die verworfene Ausstrichlinie von A und ermitteln Sie die Werte s und w der Störung B.

Aufgabe 6

An einem ostvergenten Sattel konnten im Abstand von 81 m die beiden Flanken mit den Daten 15/45 NW und 15/70 SE eingemessen werden. Parallel zur östlichen Flanke verläuft im Abstand von 46 m eine Abschiebung, die mit 30° nach SE einfällt und auf der eine Abschiebungsweite von 89 m bestimmt wurde.

Entwerfen Sie aus den gegebenen Daten eine Karte und ermitteln Sie t und s der Abschiebung.

Aufgabe 7

Ein antithetischer Staffelbruch mit den Störungen A = 50/40 SE, B = 50/60 SE und C = 50/75 SE verwirft eine Schicht (50/30 NW) derart, daß sie mehrfach ausstreicht. Die Abstände zwischen den Ausstrichlinien betragen dabei (von NW nach SE): Schicht - A 32 m, A - Schicht 24 m, Schicht - B 31 m, B - Schicht 27 m, Schicht - C 28 m und C - Schicht 35 m.

Entwerfen Sie einen Horizontalriß und Vertikalriß des tektonischen Erscheinungsbildes und ermitteln Sie die Werte für t, s und w der einzelnen Störungen und den Gesamtdehnungsbetrag.

Aufgabe 8

Die Flanken einer symmetrischen Mulde wurden an zwei Meßpunkten, die 60 m auseinanderliegen, mit den Raumdaten 70/45 SE und 70/45 NW eingemessen. Diese Struktur wird durch eine Drehverwerfung 170/90 gestört, wobei die Drehbewegung im Gegenuhrzeiger-Sinn erfolgt, die Rotationsachse die Streichlinie der südöstlichen Muldenflanke ist und die beiden rotierten Muldenflanken, gemessen parallel zur Ausstrichlinie der Störung, 82 m voneinander entfernt sind.

Ermitteln Sie den Drehwinkel, um den der Muldenteil gedreht wurde sowie die Einfallswinkel der Muldenflanken und der Achsenfläche des gedrehten Muldenteils.

Aufgabe 9

Auf einer Schichtfläche mit den Raumdaten 120/40 NE konnte die Kreuzlinie der Schicht mit einer nach NW einfallenden und 30° streichenden Störung eingemessen werden. Die Raumdaten der Kreuzlinie lauten 160/30 NW und die nördliche Scholle ist um den Betrag von 31 m nach NE versetzt.

Ermitteln Sie den Einfallsbetrag, die Art der Störung und die Werte für t,s und w der Störung.

Aufgabe 10

Die Hangendscholle einer 56° streichenden, nach SE einfallenden Störung wird ohne horizontale Bewegungskomponente um sh = 50 m nach SW versetzt. Die Raumdaten der gestörten Schicht laufen 146/25 NE und die söhlige Schubweite hat den Betrag von s = 35 m.

Ermitteln Sie die Art der Störung, ihre vollständigen Raumdaten, die Werte für t und w und die Raumdaten der Kreuzlinie.

Lösungen der Übungsaufgaben aus Kap. 6.3

Aufg. Nr.	t (m)	s (m)	w (m)	Art der Störung	Daten der Störung	Daten der Achsenfläche
1	60	50	78	Abschiebung		
2	28	16	32	Aufschiebung		
3		20	40			
4	27	47	55	Aufschiebung	120/30 SW	30/70 SE
5		6	33			
6	44	77				
7 A	19	23	30			
B	22	19	29	Gesamtdehnungsbetrag: 50 m		
C	31	8	32			
8	Drehwinkel: 14°, Einfallwinkel der Muldenflanken: 31° und 59°, Einfallwinkel der Achsenfläche: 76° SE.					
9	28	37	46	Aufschiebung	31°	
10	23		42	Abschiebung	56/33 SE Kreuzlinie: 91/20 SE	

Literatur (Zitate und Lehrbücher)

ADLER, R.E., FENCHEL, W. & PILGER, A.: Statistische Methoden in der Tektonik I.- Clausth. Tekt. H. 2, 81 S., Clausthal-Zellerfeld 1965.

ADLER, R.E., FENCHEL, W., MARTINI, H.-J. & PILGER, A.: Einige Grundlagen der Tektonik II. Die tektonischen Trennflächen.- Clausthal.Tekt.H.,3,94 S., Clausthal-Zellerfeld 1967.

ADLER, R.E., FENCHEL, W. & PILGER, A.: Statistische Methoden in der Tektonik II.- Clausth. Tekt. H. 4, 111 S., Clausthal-Zellerfeld 1969.

ASHGIREI, G.D.: Strukturgeologie.- 572 S., VER Deutscher Verlag Wiss., Berlin 1963.

BANKWITZ, P.: Die Klüfte. I. Beobachtungen im Thüringischen Schiefergebirge. II. Die Bildung der Kluftfläche und eine Systematik ihrer Strukturen.- Geologie, 14, 241-253, Berlin 1965 und 15, 896-941, Berlin 1966.

BENDER, F.: Geologie von Jordanien.- 230 S., Berlin-Stuttgart (Bornträger), 1968.

BILLINGS, M.S.: Structural Geology.- 514 p., Englewood Cliffs (Prentice-Hall) 1956.

BOCK, H.: Einige Beobachtungen und Überlegungen zur Kluftentstehung in Sedimentgesteinen.- Geol.Rdsch., 65, 83-101, Stuttgart 1976.

BURGER, K.: Die kartographische Behandlung der Störungstektonik.- Bull.soc.Belge, Géol., Paléont., Hydrol., 83, 2, 135-166, Bruxelles 1974.

CLOOS, H.: Einführung in die Geologie.- 503 S., Berlin (Bornträger) 1936, Nachdruck 1963.

FALKE, H.: Anlegung und Ausdeutung einer geologischen Karte.- de Gruyter Lehrbuch, 210 S., Berlin, New York (de Gruyter) 1975.

FLICK, H., QUADE, H. & STACHE, G.-A., mit Beiträgen von WELLMER, F.W.: Einführung in die tektonischen Arbeitsmethoden.- Schichtenlagerung und bruchlose Verformung.- Clausth. Tekt. H. 12, 96 S., Clausthal-Zellerfeld 1976.

FLORENSOV, N.A.: Rifts of the Baikal Mountain region.- Tectonophys., 8, 443-456, Amsterdam 1969.

GOGUEL, J.: Traité de tectonique.- 457 p., 2, ed., Paris 1965.

GWINNER, M.P.: Geometrische Grundlagen der Geologie.- 154 S., Stuttgart (Schweizerbart) 1965.

HILLS, E.S.: Elements of Structural Geology.- 483 p., London 1963.

ILLIES, J.H.: Graben tectonics as related to crust-mantle interaction.- In: ILLIES, J.H. & MÜLLER, St. (eds.):Graben problems, 4-27, Stuttgart (Schweizerbart) 1970.

ILLIES, J.H.: Taphrogenesis and plate tectonics.- In: ILLIES, J.H. & FUCHS, K. (eds.): Approaches to Taphrogenesis, 433-460, Stuttgart (Schweizerbart) 1974.

LOGACHEV, N.A. (ed.): Osnownye Problemy riftogenesa.- 224 pp., ill. Nowosibirsk (Nauka) 1977.

LOTZE, F.: Das Falkenhagener Störungssystem.- Abb. Preuss. Geol. L.A., N.F., 128, Berlin 1931.

LOTZE, F.: Über Zerrungsformen.- Geol. Rdsch., 22, 352-371, Stuttgart 1931.

LOTZE, F.: Zur Methodik der Forschung über saxonische Tektonik. - Geotekt. Forsch., 1, 6-27, Berlin 1937.

MARTINI, H.-J.: Saxonische Zerrungs- und Pressungsformen im Thüringer Becken.- Geotekt. Forsch., 5, 123-134, Berlin 1940.

MARTINI, H.-J.: Salzsättel und Deckgebirge.- Z.deutsch. geol. Ges., 105, 1953, 823-836, Hannover 1955.

METZ, K.: Lehrbuch der tektonischen Geologie.- 357 S., 2. Auflage, Stuttgart (Ferd. Enke) 1967.

MICHELAU, P. & TEICHMÜLLER, R.: Blatt Bochum.- In: Geol. Karte des Rheinisch-Westfälischen Steinkohlengebietes, dargest. an der Karbonoberfläche, 1 : 25 000, mit Profiltafel, herausgegeb. Amt f. Bodenforsch., L.A. Nordrhein-Westfalen, Krefeld 1949/50.

MOHR, K.: Harz, westlicher Teil.- Samml. Geol. Führer, 58, 200 S., Stuttgart (Bornträger) 1973.

MURAWSKI, H.: Deutsches Handwörterbuch der Tektonik.- Herausgegeb. von der Bundesanst. für Geowiss. und Rohstoffe, 1.-6. Lfg., Hannover 1968-1976.

NEVIN, C.M.: Principles of Structural Geology.- 410 S., 4. ed., New York - London 1960.

PILGER, A.: Beziehungen der kleintektonischen zu den großtektonischen Formen im Ruhrkarbon.- Clausth. Geol. Abh., 1, 129-167, Clausthal-Zellerfeld 1965.

PILGER, A. & WEISSER, D.: Die Barytgänge der Grube Dreislar im östlichen Sauerland.- Zs. Erzbergb. u. Metallhüttenwes. 18, 327-334, Stuttgart 1965.

PILGER, A. & RÖSLER, A. (eds.): Afar Depression of Ethiopia.- 416 S., Stuttgart (Schweizerbart) 1975.

PLÖCHINGER, B. mit Beiträgen von R. OBERHAUSER, R. STRADNER & G. WOLETZ: Die tektonischen Fenster von St. Gilgen und Strobl am Wolfgangsee (Salzburg, Österreich).- Jahrb. Geol. B.A., 104, 11-69, Wien 1964.

RAGAN, M.: Structural Geology. An Introduction to Geometrical Techniques.- 208 S., New York, London, Sydney, Toronto (John Wiley and Sons) 1968 und 1973.

RAMSAY, J.G.: Folding and fracturing of rocks.- 568 S., New York, London, Sydney, Toronto (Mc Graw-Hill) 1967.

SANDER, B.: Einführung in die Gefügekunde der geologischen Körper. 1.Teil: Allgemeine Gefügekunde und Arbeiten im Bereich Handstück bis Profil.- 215 S., Wien und Innsbruck (Springer) 1948.

SCHMIDT, W.: Tektonik und Verformungslehre.- 208 S., Berlin (Bornträger) 1932.

SCHMIDT-THOMÉ, P.: Tektonik.- In: Lehrbuch der Allgemeinen Geologie, Bd. II (herausgegeb. von R. BRINKMANN), 579 S., Stuttgart (Ferd. Enke)1972.

De SITTER, L.U.: Structural Geology.- 552 p., London, New York (McGraw-Hill), 1956 und 1967.

WAGNER, G.: Einführung in die Erd- und Landschaftsgeschichte.- 694 S., Öhringen (Hohenlohe'sche Buchhadlg.)1960.

WHITTEN, E.H. Structural Geology of Folded Rocks.- 678 S., Chicago (Rand McNally) 1966.

WILSON, J. TUZO: A new class of faults and their bearing on continental drift.- Nature, 207, 343-347, London 1965.

WUNDERLICH, H.G.: Einführung in die Geologie II, Endogene Dynamik.- 223 S., Mannheim (Bibliogr. Inst.) 1966.

Fototafeln

Fototafel 1

Bild 1

Kleintektonische Kompaktionsstörungen in siltigem Sandstein mit Kohleschmitzen und unregelmäßiger Feinbänderung durch Schieferton. Die Kleinstörungen (Abschiebungen) sind gravitativ durch Sackung während der Diagenese entstanden. Der betroffene Gesteinskörper wird (im Bild von links nach rechts) zu einem Halbgraben gestaffelt (Staffelbrüche) und dabei gleichzeitig lateral gedehnt. Die beiden großen Klein-Abschiebungen durchscheren den gesamten Körper (sichtbar an der verworfenen Kohleschmitze in der Bildmitte) und vereinigen sich in den hangenden Laminae (oben im Bild) zu einer einzigen Kleinstörung. Handstück aus dem unmittelbar Hangenden des Herrin (No. 6) Kohleflözes , Ziegler No. 5 Mine, Illinois Basin Coal Field, Champaign County/Illinois. Maßstab in Zentimetern. Foto: KRAUSSE 1975.

Bild 2

Horste und Gräben im Dogger-Oolith. Steinbruch an der Westseite der innerhalb des Oberrheingrabens gegen Westen aufgekippten Scholle des Tuni-Berges bei Freiburg. Querprofil durch den Oberrheingraben mit Erläuterungen s. Abb. 22. Foto: PILGER 1977

Dild 1

Bild 2

Fototafel 2

Störungen im Gelände

Bild 3

Präkambrische Marmore, mittelsteil nach hinten (NE) einfallend. Darüber stratiform gelagertes magnetitisches Eisenerz vom Typ Tschogart. Die präkambrische Abfolge ist von einer Querabschiebung versetzt. Diese muß entsprechend dem Einfallen der Schichten und der scheinbaren Verschiebung sh (Abb. 32) nach vorne einfallen. Falls ein horizontaler Verschiebungsbetrag h bzw. v (Abb. 28) in der Störung vorliegt, würde es sich um eine rechtshändige Verschiebung handeln.-Zentraler Iran, Westseite der Wüste Lut, östlich des Tschogart-Eisenerzberges bei Bafq, der inzwischen abgebaut ist. Foto: PILGER 1967.

Bild 4

Jungvariszisch (vorstefanisch) gefaltete Schichtenfolge des Frasne, Famenne, Unterkarbon und Namur. Die im Bild nach links hinten einfallende Schichtenfolge wird durch 2 Quer-Abschiebungen verworfen, die nach links vorne, etwa in Richtung des Schattens,einfallen. Die eine Störung zieht durch das Tal. Die scheinbare Verschiebung sh (Abb. 32) an der unteren Kalkpartie (Frasne), bei der die vorne liegende Scholle nach rechts verschoben wird, ist durch den Hang verdeckt. Die zweite Abschiebung zieht von dem linken größeren Baum (rechter Bildrand) hinter dem Felsbuckel in das Tal. Die scheinbare Verschiebung mit Schleppung (Abb. 26 a, c) ist an ihr recht bedeutend. Beide Störungen laufen oben in dem Tal zusammen. Auch der obere Kalk (Unterkarbon) zeigt eine deutliche scheinbare Verschiebung sh.-Südliches Kantabrisches Gebirge, N-Spanien, Grenzzone Oberdevon/Karbon, Esla-Decke , 1 km südlich des Pico Agua Salio, 9 km nördlich von Cistierna (Prov. León). Foto: REUTHER 1974, Clausthal- Zellerfeld .

Zu Fototafel 3

Taphrogenese

Mit Taphrogenese werden Bau und Entstehung der großen Gräben in der kontinentalen Erdkruste bezeichnet. Einbruch und Ausweitung dieser "destruktiven" Strukturformen der Erdkruste beginnen allgemein nicht vor dem Tertiär (vor 65 Mio Jahren). Pro Jahr geht es um mm-Beträge. Höhepunkte liegen gewöhnlich im Miozän und Pliozän nach den letzten Hauptfaltungen der grossen, in der Nähe liegenden alpinen Faltenorogene. In vielen Gräben geht die abwärtige und ausweitende Bewegung heute noch weiter. Gewöhnlich staffelt sich der Graben an mehreren Randabschiebungen, oft über sog. Vorbergzonen, abwärts, wobei die Störungen im Durchschnitt mit 60-75° grabenwärts einfallen. Es können synthetische und antithetische Abschiebungen vorliegen. Der gesamte Abschiebungsbetrag kann mehrere 1000 m, die Ausweitung einige km betragen. Dabei verlagert sich der maximale Betrag der Absenkung im Graben während des Tertiärs zeitlich und örtlich. Die tektonische Senke entspricht gewöhnlich auch einer morphologischen Senke, in die das Meer im Laufe des Tertiärs mehrfach eindringen konnte, was sich u.a. aus mächtigen Salzablagerungen in fast allen großen Gräben erweist. Heute liegen vielfach Seen in den morphologischen Senken.

Bild 3

Bild 4

Fototafel 3

Taphrogenese

Allg. Erläuterungen s. Seite vorher.

Bild 5

Der Wadi Araba-Jordan-Graben gehört zu einer rd. 6000 km langen Grabenbruchzone in der Erdkruste, die sich durch das Ostafrikanische Grabensystem, das Rote Meer bis an den Fuß des Taurusgebirges im nördlichen Syrien und der südlichen Türkei hinzieht. Der Graben selbst ist 360 km lang (BENDER 1968 u.a.). Dabei bildet er eine deutliche morphologische Senke von 5 bis 25 km Breite, die sich bei Aqaba und Eilat aus dem Golf von Aqaba erhebt, das Wadi Araba bis zum Toten Meer entlang zieht und weiter nördlich dem Jordan folgt. Die Taphrogenese begann wahrscheinlich im höheren Eozän bzw. im Oligozän und erlebte einen Höhepunkt an der Wende Pliozän/Pleistozän (vor rd. 2,5 Mio Jahren). Die Senkung geht heute noch weiter. Die tertiäre Füllung beträgt bis 500 oder 600 m, wobei neogenes Salz zusätzlich über 1000 m Mächtigkeit erreicht. Der Gesamtverwurf dürfte weit über 1000 m liegen. Bild 5 zeigt einen Blick von Osten auf den Graben des Wadi Araba nordwestlich von Kerak in Jordanien. Dunkel im Mittelgrund: das Tote Meer mit der Halbinsel Lissan. Im Hintergrund ist die westliche Grabenschulter, 15-20 km entfernt, zu erkennen. Oberkreide mit Kalken, sandigen Kalken, Tonsteinen und Gips taucht zum Graben ab, um unten von der steil westfallenden östlichen Grabenrand-Störung abgeschnitten zu werden. Antithetische Klüfte und Kleinstörungen bilden Begleitflächen der Grabenrand-Störung. Im Graben hier liegt die oberpleistozäne Lissan-Formation, schwach zur Grabenmitte hin geneigt, mit Mergeln, Tonen, Kalken, Gips und klastischen Einschaltungen. Das unter der Lissan-Formation liegende Neogen enthält mehr als 1000 m mächtige Salze. Die Oberkreide liegt im Graben über 1000 m tief. Foto: PILGER 1968.

Bild 6

Der Baikal-See im sibirischen Teil der Sowjetunion füllt einen NNE-SSW streichenden Grabeneinbruch aus. Der See ist 636 km lang, maximal 80 km breit und bis 1620 m tief. Der Seespiegel liegt 42o m über NN. Die Taphrogenese begann im Eozän. Im Alttertiär wurden 6000 m Sedimente im Graben abgelagert. Im Miozän, unteren und mittleren Pliozän herrschte Ruhe in der Absenkung. Seit dem oberen Pliozän (vor rd. 3 Mio Jahren) setzte die Taphrogenese erneut ein. 500 m pleistozäne Sande in der nach S fortsetzenden Tunka-Senke und seismotektonische (junge, mit Erdbeben verbundene) Störungen weisen auf die bis heute andauernde Absenkung hin. Der Baikal-See-Graben wird etwa in der Mitte des Sees von einem SW-NE streichenden Horst in zwei Einzelgräben geteilt, der durch Halbinseln und Inseln gekennzeichnet ist. Die Seiten des Sees sind meist durch Störungen gekennzeichnet (Bild 6). Die randlichen Grabenschultern sind teilweise über 2000 m hoch und staffeln sich im Escarpment steil an synthetischen Abschiebungen zum Graben herab. Einzelstörungen, vom See aus deutlich zu erkennen, haben bis 1000 m Seigerverwurf mit rd. 100 m seitlicher Bewegungskomponente. Bild 6: Störungsfläche an der südlichen Westseite des Baikal-See-Grabens. Foto: PILGER 1975. Größenverhältnisse s. die Nadelwälder auf der Höhe. Lit.: Florensov 1969, Logachev 1977.

Bild 5

Bild 6

Fototafel 4

Störungen im südlichen Illinois Basin Coal Field USA. Fotos: KRAUSSE 1977.

Bild 7

Aufschiebung. Das söhlig gelagerte Steinkohlenflöz Herrin (No. 6) und seine Hangendschichten (hellgrauer Energy Shale und schwarzgrauer Anna Shale) sind an einer N-S Aufschiebung, die mit 40° nach W einfällt, übereinandergeschoben. Die Hauptstörung ist von einer Anzahl synthetischer und wenigen antithetischen Begleitstörungen und Knickzonen (s. Streifen in der Kohle) begleitet. (Die Stahlplatten im Hangenden oben im Bild sind vom Ankerausbau). Einzelstörung aus dem Rend Lake Fault System. Maßstab im Bild ca. 0,9 m.

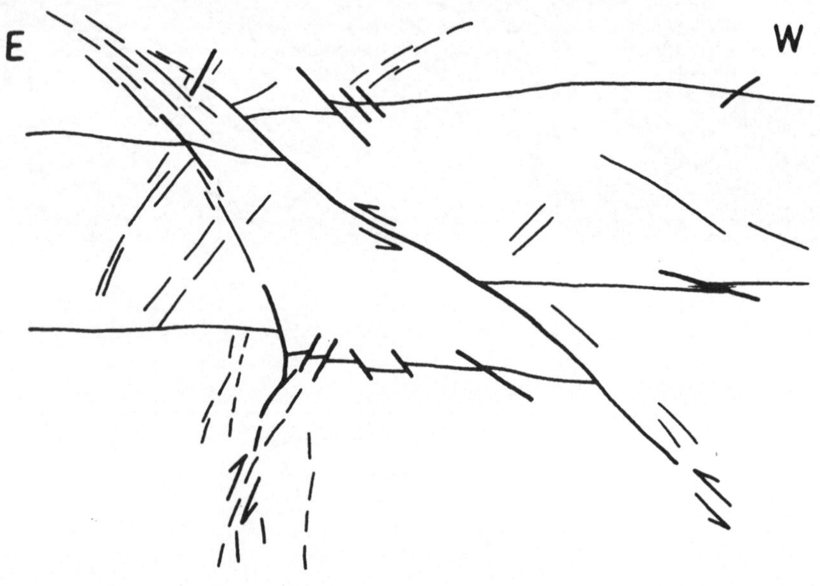

Skizze zu Bild 7

Bild 8

Abschiebung im Hangenden des Herrin (No. 6) Kohlenflözes mit synthetischen und antithetischen Begleitstörungen. Örtlich sind kleine Unterschiebungen zu erkennen, besonders am oberen Ende des ausgeklappten Zollstockes und unterhalb im Liegenden der kleinen Falte, sichtbar an der Grenze zwischen hellgrauen und dunkelgrauen, gefleckten Schiefertonen. Die Störungen gehören zum Cottage Grove Fault System. Ausgeklappter Maßstab ca. 1,8 m.

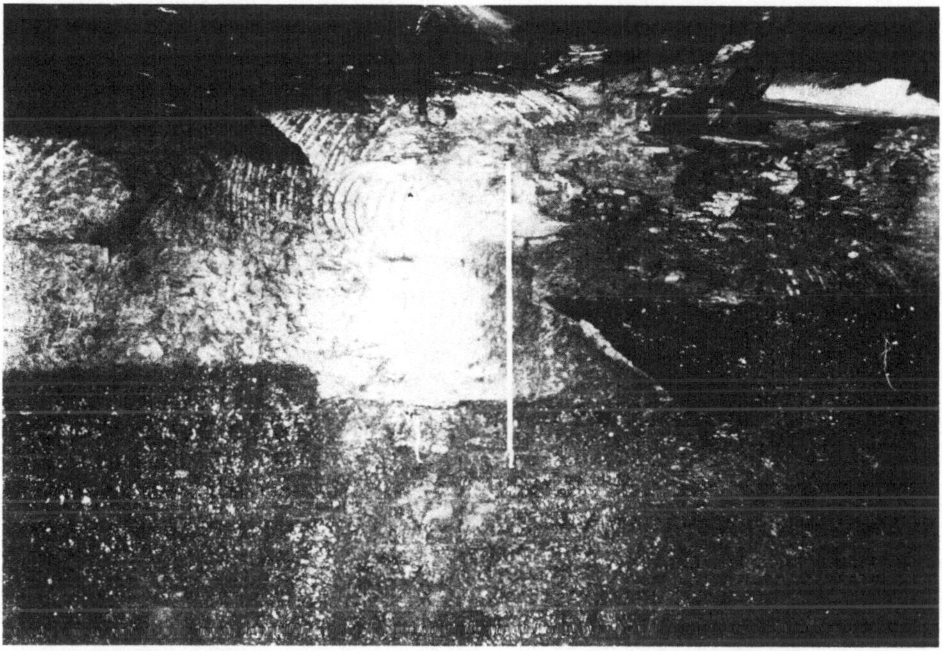

Bild 7

Bild 8

Fototafel 5

Störungen im südlichen Illinois Basin Coal Field, USA. Fotos: KRAUSSE 1977.

Bild 9

Abschiebung. Der Steinkohleflöz Herrin (No. 6) und seine Hangendschichten (hellgrauer Energy Shale und schwarzgrauer Anna Shale) sind an einer Abschiebung ($170^{\circ}/75^{\circ}$ SW) um 1,35 cm verworfen. Die eigentliche engere Störungszone ist in mehrere Abschiebungsstufen zerschert und enthält brekzierte und pulverisierte Feinkohle. Beachte den unterschiedlichen Einfallswinkel in den verschiedenen Gesteinen, sowie die kleineren Begleitstörungen zur Hauptabschiebung. Die Störung gehört dem Rend Lake Fault System an. Maßstab im Bild ca. 0,9 m.

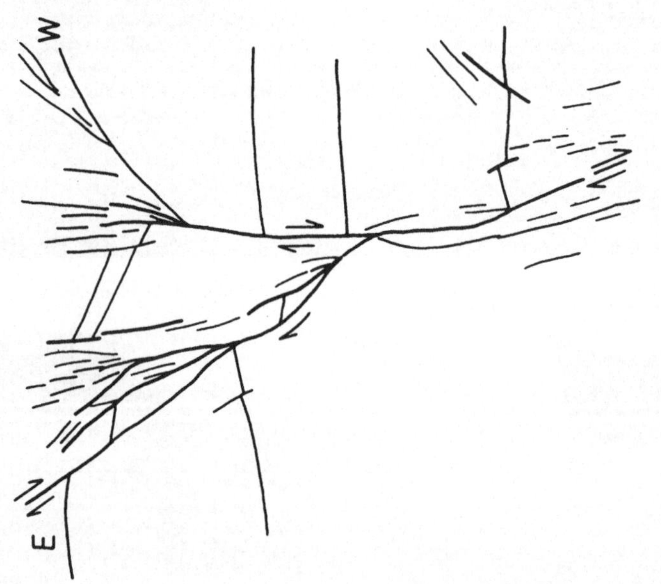

Skizze zu Bild 9

Bild 10

Schleppung der Schichten (drag) an einer steilen Aufschiebung. Hellgrauer Wurzelboden und die liegende Bank des Herrin (No. 6) Steinkohlenflözes mit dem Zwischenmittel (blue band) sind an einer steilen Aufschiebung in die Hauptstörungsbahn geschleppt und auf jüngere Schichten (hier Piasa Limestone in der Liegendscholle rechts im Bild) etwa 30 m aufgeschoben. Die plastischeren tonig-siltigen Schichten machen die bruchlosen Verformungen weitaus stärker mit als die sprödere Kohle, die im engsten Störungsbereich brekziiert und pulverisiert wurde. Die Aufschiebung gehört zum Cottage Grove Fault System. Maßstab im Bild ca. 1,2 m.

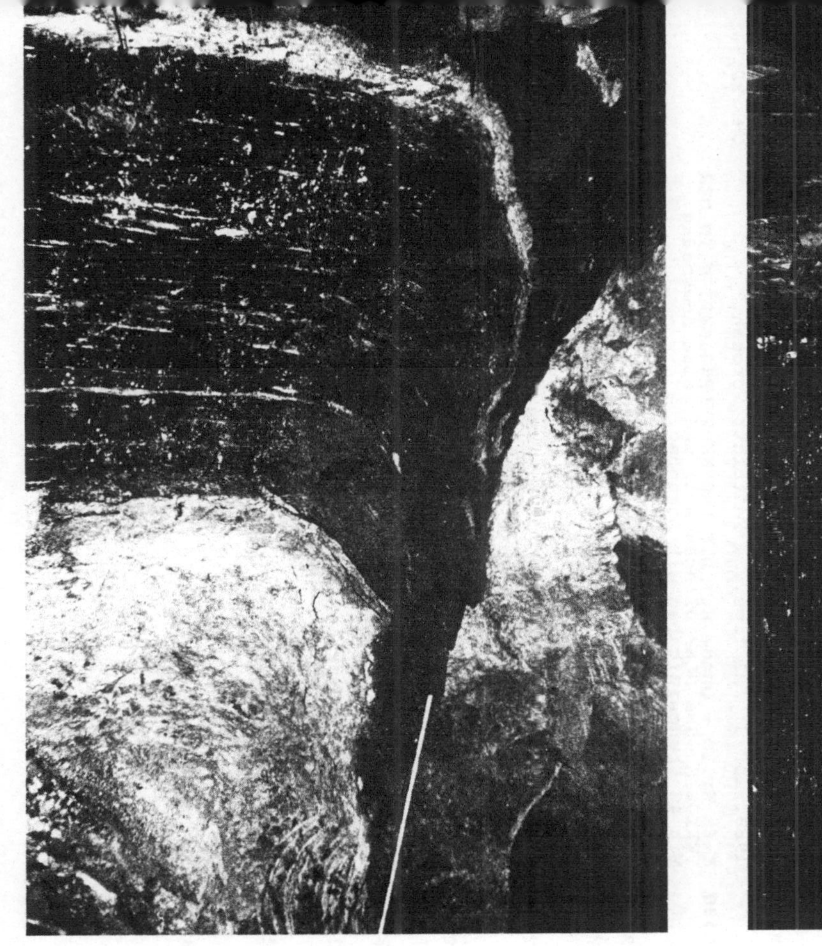

Bild 10

Bild 9

noch lieferbare Bände der Reihe

CLAUSTHALER TEKTONISCHE HEFTE

2423 **Heft Nr.2 - Adler,R., Fenchel,W., Pilger,A.: STATISTISCHE METHODEN IN DER TEKTONIK I.** Die gebräuchlichsten Darstellungsarten ohne Verwendung der Lagenkugelprojektion. 3.Aufl.1965. 97 S., 51 Abb., brosch. DM 14,-

2424 **Heft Nr.4 - Adler,R., Fenchel,W., Pilger,A.: STATISTISCHE METHODEN IN DER TEKTONIK II.** Das SCHMIDTsche Netz und seine Anwendung im Bereich des makroskopischen Gefüges. 5.Aufl.1990, 89 S., brosch. DM 15,-

2425 **Heft Nr.12 - Flick,H., Quade,H., Stache,G.A.: EINFÜHRUNG IN DIE TEKTONISCHEN ARBEITSMETHODEN.** Schichtenlagerung und bruchlose Verformung. 4.Auflage 1988. 96 S., 54 Abb., broschiert. DM 14,-

2190 **Heft Nr.14 - Müller,G. & Raith,M.: METHODEN DER DÜNNSCHLIFFMIKROSKOPIE.** 4.neu bearb.Aufl.1987. 153 S., 38 Abb., 6 Tab., farbige Michel-Levy-Tafel als Anlage DM 23,-

2426 **Heft Nr.15 - Müller,G. & Braun,E. : METHODEN ZUR BERECHNUNG VON GESTEINSNORMEN.** 1977. 126 S., 17 Abb., 23 Tab., broschiert. DM 16,-

2427 **Heft Nr.16 - Krausse,H.F., Pilger,A., Reimer,V., et al.: BRUCHHAFTE VERFORMUNG, Erscheinungsbild und Deutung.** 5.Aufl.1990. 85 S., mit Übungsaufgaben, 5 Fototafeln. DM 16,-

2429 **Heft Nr.18 - Lautsch,H. & Pilger,A.: KARTE, RIß, PROFIL UND NORDRICHTUNG.** Grundlagen und Bezugssysteme. 1982. 101 S., 28 Abb., broschiert. DM 20,-

2193 **Heft Nr.19 - Geyh & Mebus,A.: PHYSIKALISCHE UND CHEMISCHE DATIERUNGSMETHODEN IN DER QUARTÄRFORSCHUNG.** 1983. 163 S., 21 figs., 1 Faltblatt, brosch. DM 20,-

2430 **Heft Nr.20 - Quade,H.: DIE LAGENKUGELPROJEKTION IN DER TEKTONIK. Das SCHMIDT'sche Netz und seine Anwendung.** Mit 42 Übungsaufgaben mit Lösungen. 2.Auflage 1987. 197 S., 65 Abb., broschiert. DM 24,-

2497 **SCHMIDTsches Netz.** Durchmesser 20 cm. DM 1,-

2431 **Heft Nr.21 - Stets,J.: GEOLOGIE UND LUFTBILD.** Eine Einführung in die geologische Luftbildinterpretation. 2.Aufl.1986. 199 S., 70 Abb., 6 Tafeln. DM 25,-

2189 **Heft Nr.22 - Wellmer,F.W.: RECHNEN FÜR LAGERSTÄTTENKUNDLER UND ROHSTOFFWIRTSCHAFTLER, Teil 1.** Berechnen und Bewerten sowie Umrechnen von Einheiten. 2.Auflage 1986. 199 S., versch.Maßstäbe z.Ausschneiden. DM 32,-

2188 **Heft Nr.23 - Wendt,I.: RADIOMETRISCHE METHODEN IN DER GEOCHRONOLOGIE.** 2.Aufl.1988. 170 S., zahlr.Abb.u.Tab., brosch. DM 24,-

2191 **Heft Nr.24 - Reinsch,D.: PETROGRAPHISCHES PRAKTIKUM (METAMORPHITE).** 1988. 150 S., 13 Tab., broschiert. DM 18,-

2192 **Heft Nr.25 - Gierth,E.: LEITFADEN ZUR BESTIMMUNG VON ERZMINERALIEN IM ANSCHLIFF.** 2.Auflage 1989. 131 S., 23 Abb., 11 Tafeln, brosch. DM 18,-

2187 **Heft Nr.26 - Wellmer,F.W.: RECHNEN FÜR LAGERSTÄTTENKUNDLER UND ROHSTOFFWIRTSCHAFTLER, Teil 2.** Lagerstättenstatistik, Explorationsstatistik einschließlich geostatistischer Methoden. 1989, 462 Seiten. DM 55,-

3115 **Heft Nr.27 - Reineck,H.E.: KURZGEFAßTE SEDIMENTOLOGIE.** 1990. ca.120 S., zahlr.Abb., broschiert. ca.DM 23,-